CROWN
CLASSIC

（皇冠）世界经典动物名著

美绘版

昆虫记

KUN CHONG JI

［法］法布尔◎著

王　光◎选译

[上]

中国少年儿童新闻出版总社
中国少年儿童出版社

KUN CHONG JI
昆虫记

图书在版编目（CIP）数据

昆虫记.上：美绘版 /（法）法布尔(Fabre，J. H.)著；王光选译.—北京：中国少年儿童出版社，2006.11（2025.1 重印）

（世界经典动物名著）
ISBN 978-7-5007-8375-6

Ⅰ.昆… Ⅱ.①法… ②王… Ⅲ.昆虫学-青少年读物 Ⅳ. Q96-49

中国版本图书馆CIP数据核字(2006)第134687号

KUNCHONG JI
（上）

出版发行：	中国少年儿童新闻出版总社 中国少年儿童出版社

执行出版人：马兴民
责任出版人：缪 惟

总 策 划：徐寒梅	译　者：王 光
本书策划：缪 惟　高秀华 　　　　　胡 光	装帧设计：缪 惟　潘宏伟 　　　　　欧阳永华
责任编辑：缪 惟　高秀华　陈白云	插　图：林 冬
美术编辑：缪 惟	责任印务：厉 静

社　址：北京市朝阳区建国门外大街丙12号	邮政编码：100022
编 辑 部：010-57526320	总 编 室：010-57526070
发 行 部：010-57526568	官方网址：www.ccppg.cn

印刷：北京缤索印刷有限公司

开本：720mm×1000mm　1/16	印张：10.25
版次：2006年11月第1版	印次：2025年1月第38次印刷
本册字数：110千字	印数：402501-409500 册
ISBN 978-7-5007-8375-6	定价：46.00元（套）

图书出版质量投诉电话：010-57526069　　电子邮箱：cbzlts@ccppg.com.cn

目录 CONTENTS

目录 C O N T E N T S

昆虫母性 | 代序

　　筑窝造巢，保护家庭，这是集中了各种本能特性的至高表现。鸟类这灵巧的工程师，让我们领略到这一点；才能更趋多样化的昆虫，又让我们领略了这一点。昆虫告诉我们："母性是使本能具备创造性的灵感之源。"母性是用以维持种的持久性的，这件事比保持个体的存在更要紧。为此，母性唤醒最浑噩的智力，令其萌发远见卓识。母性是三倍神圣的泉源，难以想象的心智灵光潜藏在那里，待其突然光芒四射，我们便于恍惚当中顿悟到一种避免失误的理性。母性愈显著，本能愈优越。

　　在母性与本能的关系表现方面，最值得重视的是膜翅目昆虫，它们身上凝聚着深厚的母爱。一切得天独厚的本能才干，都被它们用来为后代谋求食宿。它们的复眼将绝不可能看到自己的家族了，然而凭着母性预见力，它们对这家族有着清醒的意识。正由于心中装着自己的家族，它们使自己成为身怀整套技艺的各种行家里手。于是，在它们当中，有的成了棉织品或其他絮状材料缩绒制品的手工厂主；有的成了用细叶片编制篓筐的篾匠；有的干起泥瓦匠，建造水泥宅室和碎石块屋顶；有的办起陶瓷作坊，用黏土捏塑精美的尖底瓮，还有坛罐和大肚瓶；也有的潜心于挖掘技术，在闷热潮湿的工作条件下，掘造神秘的地下建筑。它们掌握许多与我们相仿的技艺，甚至连我们都仍感生疏的不少技艺，也已经在昆虫那里实际应用于住宅建设了。解决了住宅问题，还要解决未来的食物问题：它们制作蜜团，制作花粉糕，还有那巧为软化的野味罐头。这类以家庭未来为头等大计的工程，闪耀着由母性激发出来的那种最高本能的光辉。

　　昆虫学范围内的其他各类昆虫，母爱一般都显得粗浅草率。它们把卵产在良好的地点，这之后就靠幼虫自己，冒着失败的风险，面对丧生的威胁，去寻找栖身处所和食物。几乎绝大多数的昆虫，都是这样对待后代。养育过程既然如此简单，智能也就无关紧要了。里库格^①把艺术从他的斯巴达共和国里统统驱逐出去，他指责艺术使人委靡。按斯巴达方式养育出的昆虫，自身那些最高级的本能灵性就这样消失泯灭了。母亲从照料摇篮所需的诸种温柔细腻的操持中超脱出来，其一切特性中最为优越的智能特性便随之逐渐削弱，直至最终消失。所以，无论就动物而言，还是就人类而言，家庭都是产生对精益求精、尽善尽美追求的一种根源。这一点千真万确。

J·H·法布尔

①里库格：公元前九世纪斯巴达国家的著名立法者。也译作"莱喀古士"。

推粪球记

一堆牛粪周围，竟出现如此争先恐后、迫不及待的场面！从世界各地涌向加利福尼亚的探险者们，开发起金矿来也未曾表现出这般的狂热。太阳还没有当头酷晒的时候，食粪虫已经数以百计地赶到这里。它们大大小小、横七竖八，种类齐全，体型各异，身材多样，密密麻麻地趴在同一块蛋糕上，每只虫子抱定其中一个点，紧锣密鼓地切凿起来。露天工作的，搜刮表层财富；钻进内部打通道的，寻找理想矿脉；开发底层结构的，则顺势把食品直接埋进身体下面的地里；那些小字辈们，暂时站在一旁，只等强有力的合作者大动干戈时有小渣块滑落下来，它们便前去加工成碎屑。有几位刚刚赶到这里，想必是饥饿难忍了，居然就地大吃起来。然而，盼望自己拥有一份充足储备的食粪虫毕竟为数最多，它们愿意躲进万无一失的隐身场所，守着储备的食品，过上一段较长时间的富足日子。你特别想能置身于没有污染的、长着百里香的原野，如果那里真的连一摊稀牛粪都见不到，这岂不是老天爷的恩赐？唯有命运得宠的人，才能有这等福分。然而，这并非仅仅是一种憧憬，也是眼前的现实：例如，今天这批牛粪，就正在被食粪虫当作财富，小心翼翼地藏入仓库。在这之前，畜粪的香味飘散开去，将好消息传遍方圆一公里的地方。大家闻风而动，全部奔向粪堆，收集储备食品。你看，有几位落在后面的同类，正陆续赶到这里，它们有的是飞着来的，有的是走着来的。

那唯恐迟到，一路碎步小跑赶往粪堆的，又是哪一位？长长的肢爪，僵硬地做着充满爆发力的动作，仿佛是在腹中机器的驱动下行走；一对橙红色的小触角，张成折扇形状，透露出垂涎欲滴的焦急心态。它赶来了，赶到了，可刚一到就撞翻了几位筵席上的宾客。它，就是圣甲虫。这是一身黑装的金龟子，是食粪虫类中最大而且最负盛名的一种。古埃及对它怀有崇敬之情，视其为永存之

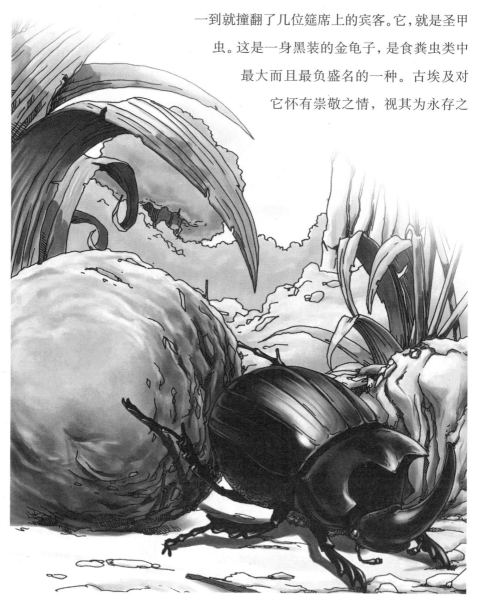

象征①。此时此刻，它已经入席，肩并肩与同行们坐在一起。同行们正用前爪的宽阔平掌，轻轻拍打自己的粪球，进行最后一道工序的成型加工；为粪球再增加这最后一层材料，便可以退席告辞，回去平平安安地享受自己的劳动果实了。我们现在来看看，那地道的粪球是怎样一步步制作出来的。

这金龟子的头顶上，是宽阔扁平的顶壳，上面有六个细尖齿，排列在月牙儿状顶壳前沿。这带齿的扁形顶壳，既是挖掘工具，切割工具，也是插举、抛甩粪料中无养分植物纤维的杈子，而且还可以当搂耙，把好吃的东西统统搂过来，归拢在一起。选料工作就是这样进行的，这行家分得出优劣精粗。如果这金龟子是给自己找食物，那么它粗枝大叶地拣一拣就行了；但如果是尽母亲的义务，那么它在制作食料丸时，就会严格认真、一丝不苟地选料。

为解决自己的食用问题，它对粪球原料的质量要求一点儿不高，只是大致分拣一番。它先用带齿的顶杈豁挑几下，再草草地搜索一道，剔除些杂质，然后归拢成堆。制作粪球时，两条强劲有力的前腿参与操作。扁平的前腿是弓形的，表面凸显着刚健的纹脉，前半部分排列着五个粗壮的尖齿。遇到需要显示力量，摧垮障碍物，为自己冲开一条通向粪堆纵深的道路的时候，这食粪虫便强行拨扫而进。只见它一对齿足左右伸出，猛地横扫一耙，面前便出现了一个半圆空场。场地清理出来后，两只前爪又开始另一工种的工作，它们把顶耙已经搂到的材料划拢过来，送到肚子下面的后四只足爪之间。后四只足爪，正好适合从事镟工的工作。这金龟子最后边的那对足爪，长得又细又长，略微弯曲，酷似弓架，足端长着利爪。一眼望去会立刻发现，这对后肢具有球面圆规的构型，两只弧形支脚之间，环抱成一个球状，正好可用来测量球面，修正球型。事

---

① 永存之象征：古埃及人认为这种昆虫造福人类，创造奇迹，因此称之为"圣甲虫"，并且在公共广场竖起它的巨型雕像。后文中，作者多用其学名"金龟子"。

实上，它们的确就是加工粪球用的。

双耙一抱一抱地把原料划拢到肚子底下，原料送到后面四条腿间，后四条腿的弧形共同转化成粪料团的外形，粪球初具雏型。这之后一段时间里，经过粗加工的粪球抱在两组球面圆规当中，由四只支脚一边摇滚一边轻压，经过一番肚子底下的旋转加工，粪球的外形进一步完善。一旦球体表面缺乏可塑性，有剥落的危险，或者，当某一部位纤维过多，旋转加工难以顺利继续下去的时候，前面的两只齿足就对不合规格的地方施行再加工处理；宽大的拍打工具轻轻拍打，于是，那些新添加的材料与粪球结为一体，那些难以粘贴的碎料被拍贴在球体上。

烈日下，加工正紧张进行。此时此刻，镟工的操作动作敏捷之极，已达到白热化程度，我都看呆了。手下的活儿，进展迅速：刚才还是粒小弹丸，这工夫已经核桃般大小；再过一会儿，就要变成苹果大的球了。我还曾看见，有些贪吃的金龟子，竟把粪料球做得像拳头那么大。那肯定得花上几天工夫。

储备食品制作好了；现在要撤离混乱不堪的现场，把食品发送到某个稳妥的地点。正是在这项行动中，金龟子那些令人叫绝的习俗特征开始表现出来。只消片刻，这食粪虫便上路了；后两条腿抱住圆球，与此同时，这两条腿的一对足尖，分别从左右两侧插入球体表层，构成旋转体的一副支轴；中间的一对足爪按在地上，当作支撑架；前面那对带护臂甲的齿足，充当杠杆的角色，其施加作用力的方式，是双掌轮番在地面上推按。就这样，这金龟子弓着身子，压低脑袋，翘起屁股，以倒退的动作，运送负载物前进。这样一套机械的关键部件，是始终处于运动状态的最后一对足爪；它们时刻移动着，变换爪尖的着点，调整旋转体轴心的位置，在确保负载物平衡的状况下，使负载物在前足一左一右的推动下向前滚动。粪球的所有部位依次接触地面，整个球面都能受到滚压，不仅使球体外形更趋完美，而且使表面硬度在均匀受压的过程中达到一致。

加把劲儿呀！对，好，滚起来了。它一定能达到自己的目的，当然，会碰到难题的。这不，第一重困难来了：出现在食粪虫面前的是路堑陡坡，沉重的粪球一个劲儿地溜坡；可是这虫类认准了自己的理，偏乐意从那条自然而成的道路上横穿过去；这方案够胆大的，只要一步闪失，或者一颗沙粒颠得球体失去平衡，一切都将落空。果然，脚步出现失误，粪球滚落到路旁的沟底；这虫子被滑冲下来的负载物撞了个仰面朝天，六只脚一阵挥舞；终于，它又翻身立足，于是追上粪球，继续苦干。这拖运机进入最佳运转状态。——当心着点儿，冒失鬼；顺谷底走，那样既省力又安全；那条道不错，很平坦，你的小球能轻松滚动。——真是的，它偏不那么走；它坚持要重新爬上陡坡，如此看来，那地方是它不可迂回的一道障碍了。兴许，恢复到一定高度对它有用。想到这里，我也就没什么可说了；一定的高度的确可以加以利用，在这一点上，金龟子比我明智。——但是你起码该走这边的小山道呀，这小道坡度小，准能让你爬上去。——它根本不理睬你；尽管旁边那条道是不可能逾越的陡坡，小顽固却非要从陡坡山道那里走不可。于是，西绪福斯[②]的工作开始了。只见它吃力地向上推动硕大的负载物，步步为营，步履维艰。可是每当推到一定高度，粪球都滚下坡去。目睹这一场面的人，会不禁产生疑虑：要让这么大的粪球稳定在坡面上，得需要何等惊人的固定力啊。哦！行动稍微失调，这大个子虫类就得吃一顿苦头儿，连虫带球滚下坡；然后再往上爬；但很快又滚下来；就这样，它爬上滚下，滚下爬上。这时候，又一次尝试开始了。这一次，高难度坡段居然顺利通过了。原来，头几次是一株禾本植物的根把它绊倒；而这一次，它谨慎地绕了过去。现在，还差一点儿咱们就上去了。动作轻着点儿，千万要轻。坡

---

② 西绪福斯：希腊神话中的暴君。死后受惩罚，在地狱里把巨石往山上推；每当接近山顶时巨石便滚落下来；他只得永无休止地往山上推巨石。

陡路险，即使是够不上失误的不慎，也能叫你前功尽弃，一切从头儿做起。糟糕，脚在光滑小砾石上踩滑了，粪球连带着食粪虫，"叽里咕噜"地滚下坡去。这虫子并不气馁，再一次开始顽强的爬坡行动。十次，不行；二十次，还不行。它要么坚持尝试，不中断这种无济于事的攀登，直到毅力能最终战胜障碍；要么认真思考一下，承认徒劳无益的现实，转而走上平道。

金龟子运送珍贵的粪蛋儿，并不总是单枪匹马地干。它往往再找一位同事，说得确切些，往往有同事找上门来。情况一般是这样的。一只金龟子做好了粪球，退出纷争的虫群，离开作业场地，倒退着把储备食品推走。旁边有一只金龟子，它是最后一批赶到的，手头儿的活计刚刚开始。这时它突然丢下自己的工作，跑到正在滚动的粪球那里，去协助得意而归的粪球主人；主人路遇支援，显得很愿意接受。自此，两位伙伴开始了协作行动。它们一路上争着出力。最后把粪蛋儿运到安全地点。究竟工地上达成过什么条约，换言之，是否为一块糕点而心照不宣地默许了利益均沾的协议？在一只金龟子揉制粪球的过程中，是否有另一只在发掘上好粪源，并提取出来，添加到属于共同财富的储备食品上？作业场上这种合作劳动的实例，我从来没有撞见过。我所看到的是，每只金龟子都在粪料开发地忙自己的事。因此可以说，半路后来者是没有任何既得权利的。

合伙运送粪球，会不会是异性间的合作呢？它们是不是即将配对儿的一公一母？有段时间，我确实以为是这么回事。两只食粪虫，一前一后，怀着同样高涨的劳动热情，双双推动沉重的粪料团；这情形令我想起从前，人们手上摇着风琴，口中唱着这样的歌："——为把几件家具添哪，我说咱俩怎么办？——咱俩一道推酒桶吧，我在后来你在前。"然而只要使用一下解剖刀，就不会再认为眼前这是恩爱家庭的一幕了。金龟子的两性，外表上没有任何区别。因此我对推运同一粪球的两只食粪虫，施行了尸体解剖。结果，其中很多都是二者同性。

　　既非家庭共同体，亦非劳动共同体，那么，这种貌似社会结合的现象为什么存在呢？答案很简单，这是在图谋劫掠。那位殷勤的同事，打着富于欺骗性的幌子招摇过市，明里帮人一把，暗中心怀鬼胎，一旦时机成熟，立刻侵吞不待。把小粪块滚成球，这不仅要吃苦，还得有耐心。如果能把现成的粪球夺到手，或者退一步，能强行当一位座上宾，那该是多便宜的事呀。粪球主人稍一放松警惕，人家就会裹携着财产，溜之大吉；主人如果寸步不离地监视着，人家就会以没少出力为理由，索性与你就地共进美餐。如此伎俩，不管怎样都能获利，掠夺之事被干成了利润极高的一个行当。确实有如上所说的一批暗作手脚的阴险金龟子，它们前去给一位无需帮忙的同事帮忙，表面上装成仁慈的援助，骨子里埋着不可告人的贪欲。更有一部分似乎根本不要脸皮的金龟子，自恃力大劲足，采取突然强行掠夺的手段，直截了当地达到自己的目的。

　　强行掠夺的行为随时可见。一只金龟子撤离了工地，与世无争，独自推滚着粪球，那是它的合法财产，是它凭着良心得来的。突然，不知从哪儿又飞来一只同类，身体重重地落在地上，先把烟熏般的黑翅膀收进鞘翅，然后挥起前肢，用臂甲外侧击倒粪球主人。主人此刻正操着拖拽姿势，所以根本无法招架。趁被剥夺者晕头转向、立足未稳的当儿，不速之客已捷足先登，神气十足地高高站在粪球上，控制住击退进攻者的最有利位置。它把带铠甲的双臂缩在胸前，随时准备反击，以防事态逆转。被窃取劳动果实的，围着粪球团团转，寻找有利的攻击点；当窃贼的则站在碉堡顶上原地打转，时时与对方保持对峙态势。只要攻方立起身来往上爬，守方就一臂挥扫过去，击在对方的后背上。看来，如果进攻者不改变收复财产的策略，那么，那位占据制高点优势的必将一次又一次挫败对手的进攻企图。这时，进攻一方转而采取破坏行动，想把碉堡和驻防部队一起掀翻。粪球的根基开始动摇，球体随即晃动，接着滚了起来。强盗随之一起滚动，但它使出浑身解数，使自身保持在球顶上。它成功了。当然，并不是所有强盗都能成功。它之所以掉不下来，是因为能快速做出一连串体操动作，克服球状支撑物的失衡状态，使身体始终处在得以保持垂直的球体顶部。一旦它失足跌落，优势立即会变成均势，战斗随即以短兵相接的形式继续进行。这时候，窃取者和被窃者对顶而立，身贴身，胸靠胸；足爪反复交叉分离，节肢互相钩绕在一起；头顶的角盔频频相撞，时而发出锉磨金属般"咯吱咯吱"的刺耳声音。经过格斗，能够掀倒对手而得以抽身的一方，火速抢占粪球制高点。围城攻坚，战事又起。这时的进攻者，可能是强盗，也可能是被抢者，这地位取决于谁在肉搏战中失势。窃贼胆大包天，铤而走险成性，它们大都可以占上风。这种情况下，被剥夺财产的接二连三受挫，斗志松懈下来，忍气吞声但又服服帖帖地重返粪堆，到那里再制作一个小粪蛋儿。那掠夺得手的，惟恐已经解除的险情会突然重现，拖起抢到的粪球便走，把它运送到自感保险的地方。我有时还遇到这样的情况，突然又出现第三位争夺利益者，来窃取窃贼的果实。说良心话，我对它倒没有什么反感。

我煞费苦心地思索着两个问题。其一，什么样的蒲鲁东，使"财产即赃物"这样一条大胆悖论渗透到金龟子的习俗当中。其二，什么样的外交家，使"武力胜过权利"这样一条野蛮法则在食粪虫类那里变为一种荣耀。③

由于缺乏基础资料，我难以探究这类习以为常的劫掠行为的起因，也无法搞清这种为夺取一团畜粪而滥施武力行为的缘由。我可以证实的仅仅是一点，即，窃取是金龟子当中的普遍做法。这些滚粪球的，肆无忌惮地互相掠夺，真没见过其他虫类有如此典型的厚颜无耻行为。这个昆虫心理学的奇怪难题，姑且留给未来的观察工作者去关注解决吧，我接着讲那两位协作滚粪蛋儿的合伙

---

③ 蒲鲁东：十九世纪法国著名社会活动家，信仰社会主义，自称"无政府主义者"，曾宣称："财产即赃物！"下文中的"外交家"，指当时那些崇尚诉诸武力的强权外交家。

者的事。

尽管用词未必贴切，我们仍以"合伙者"称呼两只合作共事的金龟子。它们当中，一位是强行合伙的，另一位则是怕惹更大麻烦才接受外援的。二者相逢，还算和气。财产所有者正一刻不停地忙碌，协助者赶到现场，看上去挺友好，并立即投入工作。两位合伙者采用不同的拉套方法：财产所有者占主导地位，处在显要位置，从负载物的后面向前推，是后腿在上而脑袋朝下；协助者的位置在负载物前面，姿势刚好相反，是脑袋朝上，带齿的前臂按在球体上，一对长长的后腿撑住地面。一只金龟子向前推，一只金龟子向前拉，粪球滚动于二者之间。

两只金龟子使出的力量并不总那么协调，原因是，帮忙的要背对路面，财产所有者又被负载物挡住了视线。事故频频发生，运送粪球的翻起三百六十度大跟头，虽说无可奈何，倒也十分开心。跟头过后，迅速起身，各自重新就位，前后位置依然如故。即使在平地上，这种运载方法也只能事倍功半，因为整体行动缺乏准确的配合。其实，只用在后面推的一只金龟子，事情不仅能做得同样快，而且能做得更出色。这时候，那位协助者不安分了，它刚才还表现出是心怀诚意的，现在却冒着打乱运行机制的危险，决定以逸代劳。当然喽，早已被它视为已有的珍贵粪球儿，它是绝对没有放弃的。摸着的粪球，就是占有的粪球。但它绝对不会掉以轻心：另一位也许会把它前不着村、后不着店地丢在那里不管。

这家伙把腿收在腹下，身体贴紧粪球，就像嵌在球面上一样，与粪球浑然一体。自此，财产合法所有者开始推着一个球、虫组合体滚动。偷懒的扒在粪球上，球体不时从身上轧过，失去固定位置的身体忽儿在球顶，忽而在球底，忽而在左弦，忽而在右弦。然而，一切对它无妨。这忙帮得很不错，的确是默默无闻的。这样的帮手真难找：自己坐上大车，食物就得有它一份！然而前面如果出现陡坡，它就必须下来露一手了。现在，粪球迎着坡面上行，推运者步履艰难。刚才搭车坐的，此时处在排头兵位置，正用带齿的双臂拉拽沉重的粪球；同伴则在下面撑住球体，一点儿一点儿地往上顶。密切配合，通力协作，上边的拉，下边的推，我看到金龟子们就是这样爬坡的。老实说，那陡坡如果只靠一只金龟子推着粪球爬，纵使顽强不息，也只能筋疲力尽，一筹莫展。在这种艰难时刻，并非所有金龟子都能表现出冲天干劲儿。上坡路段，本来格外需要协助者提供支援；可偏偏就有这样的家伙，它稳稳当当地坐在车上，好像全然不知遇到了困难，需要克服。倒霉的西绪福斯，在那里一遍又一遍地拼命使劲儿，不遗余力渡难关；另一位呢，静坐不动，听其自然，只管牢牢扒住粪球，随其一起跌滚下去，一起爬滚上来。

假如那只金龟子很荣幸，遇到的是位忠实的合伙者，或者情况更佳，它半路上根本就没有遇上一位主动赶来的同伴，那么就可以顺利进入下一步工作了，储藏粪球的地穴是现成的。地穴已经在土质疏松的地方挖好，通常是沙土地，穴洞形式像地窖。地窖不深，大约有容得下一个拳头的空间，一条细颈通道通到地面，通道口刚好可以通过一个粪球。粪料食物收藏好，金龟子马上把事先存放在角落里的杂物移过来，堵住屋门，将自己关在家里。只要大门一关，从外边根本看不出这里会存在一处举行庆祝活动的地下大厅。现在可以高呼一声"快乐万岁"了。厅里都是按最高级方式准备的最美好的东西！奢侈豪华的食品摆上了餐桌；天花板挡住骄阳的辐射，只让少量湿热空气透进室内；心境安宁，氛围幽暗，外面传来蟋蟀的合唱；一切一切，无不于胃肠功能有益。我借着想象力，俯在一个金龟子洞前，悉心谛听里面的动静。结果真叫人惊讶，耳边仿佛响起了进餐歌，那歌词采用的是描写海洋女神该拉忒亚的歌剧中的著名段落："啊！无所事事是多么甜蜜。看周围，没一个不在奔波焦急。"

坐在这样一桌筵席上，沉浸在怡然自得的福乐之中，这场面，有谁好意思去搅扰呀！然而求知欲什么都做得出来，我就曾有过这种斗胆。下面所记录的，就是我采取侵宅行动得到的结果。我看到，仅仅粪球本

身，就几乎把大厅塞满了，这奢华食品从地板一直堆到天花板。食物和墙壁之间，空出狭窄的通道，宾客的席位设在通道上。宾客最多才两位，大多数情况下只有一位。在这种地方用餐，它们要肚皮贴着餐桌，后背靠着墙壁。座位一旦找好，就

餐者便一动不动，消化器官抑制住一切生命活力的迸发。任何小小的吵闹都不发生，否则就会少吃上一口；任何一口都不嫌弃，否则就会出现浪费。一切都得按照顺序，严肃认真地穿肠而过。看着它们这样聚精会神地围住粪便，你会以为它们意识到自己担当着大地净化器的角色，你会觉得它们正自觉主动地投身到以粪造花的精细化学工程中来。鲜花使人赏心悦目，金龟子们则用鞘翅点缀春天的草地。马羊等牲畜，拥有高级消化系统，但它们排泄的东西当中仍有未加利用的物质。金龟子所从事的，是把牲畜不用的废料转化成生命物质的工作，因而它们应当掌握着一整套的专门手段。果真不假，经解剖处理，情况令人惊叹，这食粪虫类的肠道竟长得难以想象。肠道是一个回旋曲折的系统，食料通过时能被充分消化，直到每个可以利用的颗粒都被消化吸收为止。食草动物未能吸收利用的物质，食粪虫类的高效蒸馏器却从中提炼出种种财富。这些财富稍经转换处理，便生成了圣甲虫的黑铠甲和其他食粪虫类的金黄、赤红护胸甲。

值得赞扬的垃圾转化工作，应该是那种耗时最短的。环境清洁一事，要求必须如此。恰好，金龟子所拥有的消化能力，大概是无与伦比的了。只要在住所内昼夜守着食物，这虫子就一刻不停地进食，直到储备食品全部消耗干净。

[原著第1卷《圣甲虫》一文节译]

圣甲虫出世的关键条件

SHENGJIACHONGCHUSHI
DEGUANJIANTIAOJIAN

古埃及著作家贺拉波罗告诉我们："圣甲虫把粪球埋在地下，藏了二十八天，和月亮运行一圈的时间相等。这段时间里，圣甲虫的后代获得了生命。第二十九天，虫子知道，这一天是当初日月交汇而世界诞生的日子，它取出粪球扔到水里。从这个粪球里出来的动物，就是圣甲虫的后代。"

月亮运行、日月交汇、世界诞生以及其他那些星相学奇谈，我们可以不用管它。但有两点我们要记住：一是圣甲虫在二十八天后出生了，二是圣甲虫出世时水成了少不了的条件。真正的科学，才能判断这两点说法的准确性。那么当初它们是想象出来的，还是真实存在的？问题值得考察。

一般情况下，圣甲虫每年八月成熟，破蛹而出。除少数例外年份，八月是炎热干燥、酷日烤晒的季节。如果这时候不来场阵雨，让干得透不过气的大地暂时得到缓解，那么，纵使圣甲虫有再大的耐心和力量，对必须冲破的囚室和必需穿透的围墙也无可奈何。即使是那层蛹皮，由于变得干硬，也会令它一筹莫展。干燥期过长，本来柔软的粪料变成了无法穿越的城墙，硬得好像酷热天气这焙烧炉中的一块砖。

我当然不会忘记，要把圣甲虫置于同样严峻的条件下做实验。眼看圣甲虫出世的日期迫近，我赶紧收集了一些梨形粪球，里面都包的是正要出球的圣甲虫成虫。这些粪球的外壳已经干硬，我把它们放在一个盒子里，让它们保持干燥。几个粪壳里，先后传出用锉刀锉削硬物般的响动。这是囚徒们用头盔耙和前爪在刮抠墙壁，为的是开出一条出路。两三天过去，解放行动似乎并无进展。

我向其中两只圣甲虫伸出援助之手，用刀尖在粪球壳上开了个小小天窗。我以为这个开口能给囚徒增加一个出击点，使解放变得容易些。不料无济于事，我提供帮助，它们却没有比其他囚徒行动更快。

不到两个星期，所有硬粪球都安静下来。囚徒们白白劳累一场，最后都落了个筋疲力尽，一命呜呼。我切开粪壳，发现里面躺着牺牲者。旁边小小一撮灰，体积才有小豌豆瓣那么大。这点儿灰，就是锉、锯、耙一类强有力工具从无法征服的城墙上刮下来的。

同样干硬的另一些梨形粪球，我都用湿毛巾裹起来，放进一个密封的瓶罐。待水分渗透硬壳，再把毛巾拿开，粪球小梨留在里面，最后堵上瓶塞。这一回，事态完全两样。梨形粪球被湿毛巾适度软化，外壳被克服了。有的囚徒以背为支点，高抬起足爪，然后足、背共同加力外撑，粪壳便开裂了；有的囚徒盯住某一个点，坚持不懈地刮抠，使外壳一点点变薄，终于挖开一个大缺口。啊，大功告成。这批圣甲虫都顺利获得解放。只需几滴水，它们便争取到了那种身在阳光下的欢乐。

这位古埃及著作家又一次说对了。不过，事情并不像古代著作家所说，是母亲把它的粪球扔到水里；是乌云完成自由之沐浴，雨水创造解放之可能。自然状态下，情况应该会像我这个实验所演示的一样。在八月滚烫的土地里，粪球隔着薄薄的土遮板像砖一样焙烧，大多数都硬得像石头。身陷如此牢笼的圣甲虫，不可能冲破牢笼逃出来。如果来场阵雨，哪怕就下那么一点儿，连田野都会复活。而这雨，则正是圣甲虫后代和植物种子们，在炉灰般酷热的土壤中苦苦等待着的新生儿的洗礼。

雨水渗透泥土。这作用就像我实验时用的湿毛巾。粪壳与湿润土壤接触，重新恢复柔软原状。圆保险箱被软化；圣甲虫一番足蹬背拱；它自由了。时至九月，在预示着秋天来临的头几场雨中，圣甲虫纷纷离开出生地洞，活跃在牧场草地上，就像当年春天出生的上一批同类一样。表现一直吝啬的乌云，终于在这个时候赶来解放了它们。

土壤如果破例提前湿凉下来，圣甲虫也会提早破壳而出。但是通常情况下，无情的夏日骄阳把大地烤得干烫，圣甲虫冲出黑暗见太阳之心虽然迫切，却不得不等待能够软化坚不可摧硬壳的第一场降水。对于它来说，一场薄雨就是生死攸关的大事。古埃及著作家重提的是古埃及占星术士的话，但字里行间让人如实看到了水对于圣甲虫出世的作用。

[原著第5卷《圣甲虫的蛹及化蛹成虫》一文节译]

南美亮甲虫的精湛技艺

NANMEILIANGJIACHONG
DEJINGZHANJIYI

周游世界，穿越陆地和海洋，从南极直到北极，置身于各种气候环境，寻访那仪态万千的生命，这自然是懂得观赏的人的至高福分。可这也是小时候令我神往的梦想，那年月，我对鲁滨逊着上了迷。丰富多彩的旅行幻景，每每稍纵即逝，随之而来的，依旧是眼前现实：整年难得出一趟家门，终日在郁闷乏味中生活。印度热带丛林，巴西原始森林，还有大兀鹰所喜爱的安第斯山脉峰峦，这一切全都见不到，眼前所剩的，只是在四堵墙壁之间用碎石块堆砌的一块正方形模拟场景。

老天爷不让我怨天尤人。的确，要使思想有所收获，并不一定要求自己非去远征不可。让雅克在供自己金丝雀享用的一束海绿树枝叶上，采集到植物标本；贝尔纳丹·德·圣皮埃尔从偶然落在窗角上的一颗草莓那里，发现了一个世界；克萨维埃·德·麦斯特尔则用沙发椅充当轿式马车，环绕自己的居室，做了一次堪称最负盛名的旅行①。

用他们那样的方式见识世界，我也能办到；只是那轿式马车用不上，它穿行荆棘丛太困难了。我在篱笆墙围成的天地里，将旅途分为小段，一趟又一趟

---

① 这里提到的三位人物均为法国名人。第一位应是十八世纪启蒙思想家让·雅克·卢梭；第二位是与卢梭私交颇深的作家、田园诗《保尔与薇吉妮》的作者；第三位是作家、著有《环绕居室的旅行》一书。

地周游；这处停停，那处站站，一路耐心地向昆虫居民咨询；随着行程的增加，不断得到一鳞半爪的答案。

这区区昆虫小镇，我已经了如指掌。薄翅螳螂趴在哪些细枝上栖息，苍白的意大利蟋蟀在宁静的仲夏夜晚躲进什么灌木丛"唧唧"轻唱，身挎棉袋的手工厂主黄斑蜂用套棉套的办法把哪片野草折腾得荡然无存，裁剪女工切叶蜂开发利用了哪里的丁香树丛，这一切，我都一清二楚。

当花园犄角旮旯间的近海游弋所获不足时，一次远洋航行便能为我带来丰厚的贡品。我绕过邻居家的篱笆海岬航行，几百米之外，就接触到圣甲虫、天牛、埋粪虫、蜣螂、螽斯和蚱蜢；到最后，我已经是在和族员众多的各部落居民建立关系了。要想揭示它们的发展史，大概得耗尽人的一生。它们的史料，我确实掌握得相当多。尤其是近邻们的情况，我掌握得就更多了。然而得到这样的收获，并没有长途跋涉到遥远的地方去。

周游世界，注意力是分散在众多对象上的，所以这不叫观察。昆虫学家外出旅行，能往自己的盒子里插进品种繁多的标本，这对昆虫分类词典编纂者和标本收藏家而言，自然是莫大的愉快。然而收集详细资料，则完全是另一码事。科学工作的"永远流浪的犹太人"，是抽不出空儿来停一下脚步的。要研究这样那样的情况，本应当安心逗留较长一段时间，然而他却总是在急匆匆地赶路。从他的嘴里，你别想听说这样奔波会做不成什么。如此也罢，任他去往软木板上插，往盛着塔菲亚酒的广口瓶里泡吧，就让他把费心耗时的观察工作推给定居的人做吧。

这也说明，与分类词典编纂者从事的体貌特征记录迥然不同的昆虫史，为什么会这样奇缺。的确，异乡他邦的昆虫，虫种数量多得惊人，它们几乎永远都保守着自己生活习俗的秘密。尽管如此，仍不妨对近在眼前的虫种与远在异域的虫种作一对比研究。研究最好由专业同行合作进行，搞清不同气候条件下的基础虫种有什么不同。

想到这里，旅行难的遗憾涌上心头，令我比以往任何时候都更感到一筹莫展。假如能在《一千零一夜》里的那块地毯上谋得一个席位就好了，那样的话，只要往神奇地毯上一坐，便可以被带到任何想去的地方。唔！那真是最佳运载工具，比克萨维埃·德·麦斯特尔的轿式马车高明多了！但愿能凭一张往返票，在那神毯上拥有小小的一角之席！

我的愿望果真实现了。能有意想不到的好运气，应感激基督教学校的一位教友，他叫朱杜里安，在布宜诺斯艾利斯分会的学校供职。此人秉性谦恭，得到他帮助的人若报以赞颂之词，就一定会激怒他。总之，是他按照我从法国发去的旨意，在阿根廷用自己的眼睛替我的眼睛工作。他寻找目标，找到它们，进行观察，然后把观察记录及新发现的东西寄给我。我收到后，先观察好，再出去寻找，最后，正是通过信件联系，我们两一起找到研究对象。

这一步工作完成之后，又多亏这位杰出合作者的帮助，我得以利用了"魔毯"。眼下，犹如置身于阿根廷共和国的潘帕斯草原，我正迫不及待地着手开展一项工作，即，将法国塞里尼昂食粪虫的技艺与身处另一半球的竞争对手的技艺，作一对照研究。

工作伊始，令人振奋！第一个让我巧遇上的，正好是当地人所称的"亮甲虫"。这种食粪虫外观华美，一色青黑。

雄虫前胸突出，形同岬角，头顶壳是宽阔扁平的短角，短角的前沿呈三齿状。雌虫头顶壳上，只有些简单的皱褶。不论雄虫还是雌虫，头顶壳的前端又都长出一对小尖角，这既是有力的挖掘工具，又是用于切割的手术刀。它那短粗敦实的四方体形，叫人想起了法国的一种橄榄树虫，那是生活在蒙彼利埃附近的一种罕见昆虫。

如果形体相似则技艺相仿，那么可以断言，既然橄榄树虫制造短粗血肠状产品，虫也应该制造同样形状的产品。啊！其实不然。遇到这类与本能相关的问题，形体结构是靠不住的提示要素。这方背短爪的食粪虫，所精通的是制造葫芦形产品的技艺。圣甲虫制作的类似产品，形状不如亮甲虫的规则，而且也没有那么大的体积。

别看这虫类形体短粗，出手的作品却精雅超凡，令我赞叹不绝。其作品透着无懈可击的几何学原理：这颈部不甚细长的葫芦体，起码显示出了优美与力量的结合。看上去，它仿佛是以印第安人的某个葫芦容器为原型制作的，然而比原型精湛得多。小葫芦的颈口是半开着的，壶肚上刻有精美的格状饰纹：这纹络其实是虫爪跗节留下的印迹。看到亮甲虫这作品，有人会把它当成套着细篾编织套的水壶。

想到工匠那副笨拙的肩背，你会更加感到这工艺制品的别致与完美。的确，事实再一次证明一个道理：绝不是工具造就工

匠。食粪虫类和我们人类，无一不是如此。指导模工从事创造的，是一种比成套工具优越的东西，即我称之为"能耐"的东西，也就是虫子的天才。

亮甲虫蔑视困难。甚至，它也在嘲笑我们的昆虫分类法。称其食粪虫，意即粪类的狂热朋友。但这既不反映它的习性，也没反映其后代的习性。亮甲虫需要动物死尸的血脉。人们恰恰在禽鸟狗猫的尸骸下见到它；和它在一起的，是那些素有葬尸工之称的另一类昆虫。前面描绘过的那只小葫芦，就是横卧地面，遮掩在一堆猫头鹰尸骸下面的。

解释这一情况的人会认为，亮甲虫的特征，体现着食尸虫的胃口与金龟子的才能的结合。但我不敢苟同这种说法；须知，有些虫类的食性很让人捉摸不透，大概根本无法只凭它们的外观来主观臆测。

我家那一带，只有一种食粪虫，而这惟一仅有的所谓食粪虫类，恰恰也是尸体残骸的开发利用者。它是一种椭圆形体的食粪虫，经常光顾死鼹鼠和死家兔。然而小矮子葬尸工，却并不因为热衷于腐肉，就不沾粪类食料的边；它也和其他一些食粪昆虫一样，在粪料上大摆筵宴。这其中也许存在两份专门食谱：供成虫享用的是粪料圆球蛋糕，供幼虫享用的是高级腐肉蜜饯。

其他种类的昆虫，也存在食性虽异，但事理相似的情况。捕食粪的膜翅昆虫，自己畅饮从花冠深处汲取的蜜汁，但是用肉质食料喂养后代。同是一个胃，幼虫时代吃猎取的野味，成虫时代吃糖食。照此看来，它们的消化囊必须在生命中途发生转变才行！到最后，比我们人类强不了多少，一旦步入耄耋之年，它们的消化囊就对年轻时代大嚼快咽的食物不感兴趣了。

我们现在进一步考察一下亮甲虫的工艺制品。我所见到的小葫芦，都是干透了的，差不多和石头一般硬，外观变成了淡咖啡色。用放大镜观察，无论内层还是外表，都没有一点儿木质成分。如有木质，便可以证明是畜草的残留物质了。因此，这奇特的食粪虫类，使用的不是牛粪饼或类似材料；它们加工出的，分明是别的材质的产品，那种材料乍辨认起来，还颇有点儿困难哩。

把小葫芦抓在耳边摇一摇，里面有东西在轻微响动，就像摇晃内核松动的干果壳时发出的响动一样。里面或许是干缩了的幼虫？或许是死虫子？我满以为会是这么回事；结果却上当受骗了。里面那东西，远比想象的更让你长见识。

我小心翼翼地用刀尖划开小葫芦。表皮之下是一层质地均匀的内壁。手头三只样品，其中最大的一个，内壁厚度达到两厘米。内壁里包着一个刚好填满葫芦腔的球状物，它和内壁之间没有任何粘连。看到球形内核与周围包壁之间保留着少许空隙，我明白了摇晃葫芦体时发出撞击声的缘故。

从球形内核的颜色和整体外观上看，它和外壳属于同一物质。把它砸开，再清除碎皮，结果发现，里面原来是些金黄色的小碎块，还有些小绒絮团、毛皮丝和细肉渣，它们掺杂着裹在湿泥团里，酷似果仁巧克力。

我在放大镜下把这些尸体碎屑挑拣出去，然后把泥团放在煤火上烧烤。泥团变得黢黑，随后鼓起一层发亮的泡皮，紧接着又喷发出呛人的烟气，闻得出是烧灼动物的气味。由此得知，整个内核是浸透了血脓的泥团。

用同样方法，把包裹泥团的外壳也烧烤一下。外壳也变黑了，但黑得不那么厉害；有少量烟气释放出来，没有泡起乌黑发亮的膜皮，而且外壳中丝毫没有内核里那些尸体碎屑。经烧烤之后看到，几只小葫芦的残留物都是颜色发红的黏土。

通过这样一番简单的分析处理，我们对亮甲虫的食物烹饪术有了认识。它们为幼虫准备的美味，居然是一种肉末香菇馅饼。它们是用头顶上的两把解剖刀和前爪上的锯齿刀，把所有能从尸体上割下来的东西切成碎块，做成肉馅，其中包括毛绒、脆骨渣和皮肉丝。这份烩野味刚拿到火上的时候，还是蘸足腐肉汁的细黏土胶状物，经烧烤后已变得砖块一样硬。包着肉末香菇馅饼的球形黄油面夹层盒，烧烤后成了土质与香菇馅饼黏土相同的土壳。土壳不如固体肉汁内核的营养丰富。

糕点师傅能给糕点做出精美的花样，他用蔷薇花饰、卷缆花饰，或者西瓜表皮斑纹状子午线条，装饰自己的作品。亮甲虫对这门烹饪美学并不陌生，它把盛放馅饼的盒子，做成了华丽的小葫芦，外表还装饰上指纹的格状纹饰。

外壳只是没有营养的硬皮，几乎没有蘸上有滋味的肉汁，我猜想它不是供幼虫消费的。幼虫阶段末期，小虫胃口泼辣起来，不怕菜肴粗糙，它那时从糕点外壳的内壁上刮点儿什么吃吃，倒也是很有可能的事。然而就整体而言，直到成虫脱颖而出之日，小葫芦都保持完好无损。最初，它起到馅饼保鲜的作用；以后的全部过程中，它又要为里面的葫芦隐士充当保护壳。

冷馅饼上方，正好在葫芦颈根基部位，造有一间圆形隔室，其黏土墙壁由葫芦壁整体延伸而成。隔室与食品储存室之间，隔着一道厚度适当的黏土壁板。小圆隔室就是孵化室，卵就产在那里面。我是回过头再找的时候，在小隔室原来位置发现有卵的，但那卵已经风干了。小虫在孵化室出壳后，先要打开上下两层房室之间的隔门，才能钻到食料团那里。

幼虫在食料团之上的隔室里问世，与食料团是隔绝的。初生的幼虫，要在合适的时候，靠自己钻透食品罐头的瓶盖。没多久，小虫爬到肉馅团上，到那时你再看，隔板上已钻出一个幼虫刚好可以通过的小洞孔。

由于四外都有厚实的陶瓷包装，在孵化所需的漫长过程中，油肉食料始终不会腐败变质。关于孵化过程的细节，目前尚不清楚。但可以断言，居住在同样用黏土建造的小隔室里，虫卵会安然无恙地静卧休息。真可谓万无一失了。到此为止的一切条件，都是按最高规格创造的。亮甲虫深谙构筑防御体系的奥秘，深知过早出现蒸发会给食品造成危害。除此之外需要解决的，还有出卵后幼虫的呼吸问题。

这虫子解决幼虫呼吸的方案，同样巧夺天工。它沿着葫芦颈的轴心线，开出一条细细的通道，细到只能插入一支最细的麦秆儿。这条细通道的内口，开在孵化室顶部；外口开在小葫芦尾突顶端，呈半张开的喇叭口状。这就是空气通道。通气道极其狭窄，而且里面设置了似堵非堵的尘土颗粒，这样就防止了来犯者入侵。虽然天真，但是绝妙！我不禁发出赞叹。难道赞叹不对吗？如此建筑，竟是某种无意之中取得的成果，确切些说，是具有独特清醒性的盲目行为的偶然产物。

　　这虫类呆头呆脑，它究竟如何出色地完成了这样复杂而精妙的建筑呢？我是在借着中间人的眼睛考察潘帕斯草原，因此，眼前能为我解答这个问题提供启发的，只有这建筑作品本身的结构。根据这结构，工匠的施工方法可以基本按原样推断出来。我对建筑工作程序作了如下推想。

　　一具小动物尸体被发现，体液已经浸软它身下的黏土。亮甲虫前去收集湿土。至于收集多少，要看浸软的土有多少，并无精确限量。尸体下面这可塑性建筑材料如果很充足，建筑时就可以大量消耗，其结果只会使葫芦形食品盒益发坚固。这种情况下出现的是尺寸超出规格的小葫芦，体积比鸡蛋还大，外壳厚达两厘米。可是，由于超出了模工自身力量的限度，这一类球块加工得比较粗糙，从事超难度劳动的那股吃力劲儿，依然保留在模制品的外观上。如果可塑性建材匮乏，那么昆虫模工就会把能够收集到的材料，用在最需要的地方。这种情况下，它的行动非常自如，制作出的小葫芦也就富于精美的规则性。

很可能，亮甲虫先把湿黏土揉成球；而后再用前爪摁压，用头上尖角铲挖，把泥球掏成厚实的大口酒杯。蜣螂和金龟子就是这么干的，它们在小圆丸的顶部制成一只小碗，把卵产在里面，随即将它们的卵形巢、梨形巢最终加工成型。

在这第一阶段的忙碌中，亮甲虫只是个简单的制陶工。只要具备可塑性，什么黏土都不嫌弃，尸体体液浸润的黏土本来也无营养可言。

现在，它又干起了肉食师傅的工作。它挥舞着锯齿刀，又砍又锯，从动物腐尸上搞到一些小渣块；然后把自认为最适于给幼虫制作美味佳肴的东西，拽过来切碎。经过一番挑选，它又从血脓最足的地方收集来软泥巴，与腐尸碎末掺和在一起。调制考究的大杂烩，就地取材做成食料球，不用像其他一些食粪虫类，配制食料丸时要滚成球。食料球的额定分量，是按幼虫的需求量来计算的，因此球体几乎总是一般大小，与小葫芦最终有多大体积无关。

如此这般，肉馅团做好了。亮甲虫把它安置在已经准备好的黏土大口杯里。肉馅团在安置过程中未受挤压，不会和外壳发生粘连，因此在以后的时间里，始终可以灵活转动。这时候，制陶工作再度开始。

这虫子推压宽大厚实的黏土杯边缘，使之逐渐延展到肉馅团上面，最后把肉馅团包裹起来。肉馅团顶部的黏土壁较薄，其他部位的黏土包层则很厚。幼虫将来要穿透顶壁，才能抵达食料储存室。考虑到那时的小虫还很娇弱，这虫类此时先在薄顶壁上造出一个牢固的环形黏土圈，随后再把黏土圈加工成空心半球。与此同时，它把卵产在空心半球里。

收尾工作开始。这虫类摁压小半球的边缘，使开口向内收拢，最后封顶，孵化室随即告成。这项工作，自始至终需要分寸感极强的灵巧。这是因为，加工小葫芦尾突部位时，必须一边压塑建筑材料，一边留出轴心线上的微口径通气道。

挤压力量只要出现一次计算失误，窄通气道就要发生无可挽救的堵塞。我认为，建造这通道是难度极大的工作。人类技术最熟练的制陶工，大概也得求助于一根针，否则无法将这一操作坚持到底；待操作结束后，才能把针抽出去。而这虫类，却是一架节肢构造的自动工作机，可以毫无意识地建成穿越葫芦体尾突高地的暗渠。如果它是有意识的，那么，也许它就不会成功了。

小葫芦既已制成，剩下的就是装饰它了。这是一项必需非常耐心去做的整修工作。通过整修，葫芦形体的曲线变得更加完美，柔软的黏土表面还点印上指纹图案。这指纹图案，酷似史前人类制陶者用拇指按压后，分布在大肚瓮表面的指纹图案。

制作过程到此全部结束。亮甲虫要到另一具尸体下面去重新开始工作。须知，每处巢穴只安置一只小葫芦，绝对不会多造出一只。这种做法，和圣甲虫制造它的小梨时一样。

[原著第6卷《潘帕斯草原食粪虫》一文节译]

埋粪虫与环境卫生

MAIFENCHONGYU
HUANJINGWEISHENG

有一种环境卫生工作，需要在最短期限内把一切腐败物清除干净。巴黎至今没有解决令人生畏的垃圾问题，这早晚要成为那座特大城市生死攸关的大问题。人们甚至产生这样的疑虑：照此下去，会不会在某一天，土壤中的腐败物质已达到饱和程度，臭气散发出来，将那座光明中心熄灭。这样一座人口数百万，而且拥有财力智力宝库的大城市都一筹莫展的事，乡间小镇却无需花钱，甚至不必经心，便轻而易举地办到了。

大自然为农村清洁卫生倾注大量心血，对城市福利却不屑一顾，当然，这种无视并不是敌视。大自然为田野安排了两类净化器，它们无论在什么情况下，都不会疲劳、报废。第一类净化器包括苍蝇、蜣螂、葬尸虫、皮蠹和食尸虫类，它们被指派从事尸体解剖工作。它们把尸体分割切碎，用嗉囊细细消化肉末，最后，将其再归还给生命。

一只鼹鼠被耕作机具划破肚皮，已经发紫的肠肚脏腑玷污了田间小道；一条横卧草地的游蛇被路人踩烂，此人还以为做了件大好事；一只没毛的雏鸟从树上的窝里掉下来，落在曾一直托举着它的大树下，惨不忍睹地摔成了肉饼；成千上万的类似角色，出现在田野的各个角落。如果谁都不去清理它们，污秽和臭气就要使环境遭到破坏。然而你不必担心，这类尸体刚刚在哪儿出现一具，小小收尸工便蜂拥而至了。它们处理尸体，掏空肉质，只剩骨头；至少，也可以把尸体制成风干的木乃伊。不到二十四小时，鼹鼠、游蛇、雏鸟，一切都不见了，卫生状况着实令人满意。

第二类净化器，工作热情同样高涨，以致村镇上几乎见不到有氨气刺鼻的茅厕。这种净化器如果能在城市出现，我们的难言之苦也就顷刻之间消除了。当农民忽然想独自一人待一会儿的时候，随便一道矮墙，不管是一排篱笆还是一排荆棘丛，都可以成为他所急需的一处避人场所。不言而喻，在这等无拘无束的地点，你会撞见什么东西。陈年石堆上那些苔藓花饰、青苔靠垫和长生草吊穗儿以及其他那些美丽的装饰，吸引着你走过去，来到一堵加固葡萄树根土的装饰墙前。好家伙！就在布置得如此优美的掩蔽所的墙脚一带，有一大摊可怕的东西！你拔腿便走，什么苔藓、青苔、长生草，一切都再也吸引不住你。不过，你明天再来。当你再度光顾这里，那摊东西不见了，那块地方干干净净。原来，食粪虫已经光顾过此地。

对忘我工作的食粪虫类而言，防止屡屡出现的有碍观瞻的场面被人们撞见，这仅是次要职责；它们还肩负着更崇高的使命。科学证明，人类最可怕的灾祸，都在微生物中埋有自己的祸因。这类微生物与霉菌相近，属于植物圈的最外缘生物。流行病发病期内，病菌在动物的排泄物中迅速大量繁殖。它们污染着空气和水，而这些都是生命的第一食粮；它们散布在人的脏衣物、着装和食品上，将传染病传播开来。为此，必须用火焚烧，用腐蚀剂消毒，凡是染上病菌的东西务必深埋于地下。

为慎重起见，连垃圾也绝对不能积存在地面。垃圾是否无害与是否有害？不管问题的结论如何，都以令其消失为上策。古代人的头脑似乎已经领悟到应该这样做，他们所处的年代，远远早于细菌开始教导我们保持警惕的年代。比我们更易于受流行病威胁的东方人，早已在这方面认识到某些不容置疑的法则。摩西①显然是传播古埃及这方面科学的人，他在自己的人民游走阿拉伯大沙漠之际，便以法典形式，规定了处置这种污染物的方法。"当你产生自然而然的需要时，"摩西说道，"走出营地，带上一根尖头棍，在土中剜一个洞，完事后，再用剜出的土把污秽之物掩盖起来。"②

正可谓，解决的是重大问题，采取的是天真对策。可以相信，如果大规模朝觐克尔白圣庙期间，伊斯兰教也采取这项预防措施或类似措施，那么，麦加就不再会年年发生霍乱，欧洲也无需再沿红海诸河设防，阻止从那里蔓延开来的瘟疫。

法国外省农民，也像自己祖先中的一支——不为卫生问题发愁的阿拉伯人一样，从来不知天下有粪便垃圾的灾难。食粪虫在那里卓有成效地工作，它是摩西训诫的忠实遵从者，所做的正是清除劣迹和掩埋带菌物质。一有情况，它便携带着自己的挖掘工具跑上前去。以色列人急需方便时跑出营地，腰间带着

---

① 摩西：犹太教、基督教圣经故事中犹太人的古代领袖，带领埃及境内的犹太人迁回故土，是战将、政治家、道德家和立法者。
② 此句参阅《摩西五经·经五》第一百二十三章第十二、第十三节。——法布尔原注。

的是尖头棍；食粪虫的工具可比那尖头棍高级。人刚一离开，它那里一口竖井已经挖好；恶臭污染物，一股脑儿滚进去；自此，再无传染性可言。

这些掩埋工提供的服务，对原野卫生意义重大；而我们，则正是这持之以恒的净化工作的主要受益者。然而，我们遇到这些忘我的劳动者，投去的只是一种轻蔑的目光。不仅如此，还用大众俗语给它们起了种种难听的名字。这仿佛成了一条规矩：做好事的，到头来要受鄙视，背上臭名，挨石头砸，被脚后跟碾得粉身碎骨。蟾蜍、蝙蝠、刺猬、猫头鹰，还有别的一些动物，它们都辅助人类工作，却无一不遭到同样的悲惨下场。殊不知，它们为我们服务，可要求我们的只是多少能手下留情而已。

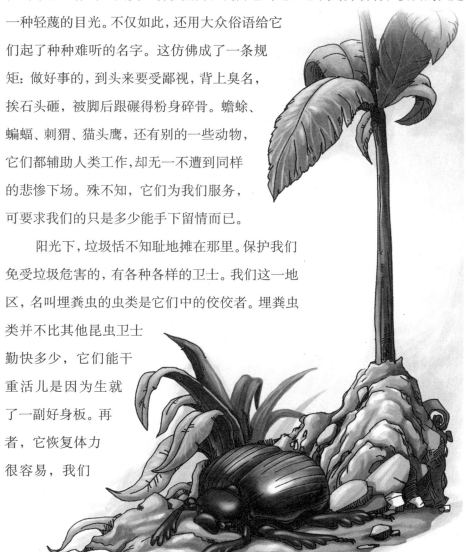

阳光下，垃圾恬不知耻地摊在那里。保护我们免受垃圾危害的，有各种各样的卫士。我们这一地区，名叫埋粪虫的虫类是它们中的佼佼者。埋粪虫类并不比其他昆虫卫士勤快多少，它们能干重活儿是因为生就了一副好身板。再者，它恢复体力很容易，我们见了恶心的东西，它吃起来津津有味。

　　我家附近，从事这项开发工作的有四种埋粪虫。其中两种是罕见虫种，用来做跟踪研究的对象不合适；另两种恰好是常见虫种：其一为粪生金龟，其二为假金龟。两种常见埋粪虫，背后都是一色的瓦蓝甲壳，胸前露着华丽的衣装。令人惊讶的是，这些专职淘粪工身上，居然藏着如此珍贵的珠宝首饰盒。粪生金龟的前胸，紫水晶一般光彩夺目；假金龟的前胸，黄铜矿一般金辉耀映。寄居在我细网笼里的，正是这两种食客。

　　让我们先见识一下它们干掩埋工的本事。两种埋粪虫混养在一起，每只细网笼内十二只。平日里，投放食料是没有限量的。可今天，我已事先把吃剩的食料清理干净，目的是要看看一只埋粪虫在一次表演中，究竟能埋藏多少东西。夕阳西下，一头骡子在门前排出一大堆粪球。我把这堆粪球统统倒给笼中的十二个囚徒。这一堆够得上丰厚了，足足一篮子。

　　第二天早上，骡粪已经全部消失在地下。地面上除了一些残渣碎末，再看不到别的粪料。假设每只埋粪虫的工作量相等，那么我估计，十二只埋粪虫，平均每只往地下仓库搬运的货物，几乎有一立方分米之多。这虫类本身就很笨重，可是还要掘建仓库，还要把采集到的食物搬运进去，想到这里，我不禁赞叹：十二只埋粪虫，竟干出了提坦神③的业绩，而且是一夜之间干完的！

　　食物这样富足，它们该守着财富待在地下了吧？唔，根本没有那回事！它们待在地下，只是因为眼下还有阳光。黄昏到了，宁静而温馨。现在正是大飞跃、齐欢唱的时刻，正是去远处觅食的时刻，有畜群来往的道路就在那边。此时此刻，我的笼中食客也正在离弃地窖，一一爬到地面上来。我听到它们窸窸窣窣

③ 提坦神：希腊神话中十二位力士神的总称，他们是天神和地神所生的六男六女，经常被派遣完成繁重的体力劳动。

响动。它们爬上笼网，冒冒失失地撞在顶板上。黄昏时分出现这番活跃，是我意料之中的事情。我白天已经收集好食料，仍然像头一天那么丰厚。这时候，我把食料投放给它们。到了夜里，粪堆又不见了。第二天再看，笼中场地又清理得干干净净。只要傍晚天气好，我总能找来畜粪，供应这些贪得无厌的攒财迷。照此下去，那活跃场面会没有终结地反复重现。

埋粪虫尽管拥有储量这么富足的食品，却总是在太阳落山时离弃食品库，借着白昼的余晖嬉戏，然后着手寻找一处新的开发场地。可见，对埋粪虫而言，已经得到的算不了什么，惟即将获得的才有价值。那么，它每到黄昏就建造新仓库，到底用途何在？根据我的观察，这粪生昆虫一夜之间消费不了这么多的食物。它只管一味地收集，仓库积压起超量的食品；财富多得不得了，根本派不上用场；然而这囤积居奇的虫类，并不因为仓库爆满而心满意足，每晚仍挖埋不息，为其仓储而劳其筋骨。

食品仓库分布在各个地点，无论埋粪虫偶尔碰上哪一处，都可以从中提一点儿货，聊作白天的便餐，其余用不上的，一概抛弃。白白扔掉的货物，几乎等于储藏食品的总量。从我这些笼子的情况来看，埋粪虫那掩埋工的本能，要比它那消费者的胃口更迫不及待。笼子里的土层迅速增高，我必须一遍又一遍地铲除表层土壤，使之不断恢复到合适的水平。当土层最后铲光时，我发现土下充塞着一团团原封未动的粪料。最初的土壤，现在已经变成土、粪难分的集成层块。如果想使以后的观察不受妨碍，需要大幅度清筛土层。

粪料是很难用精密量具称量的。当分成若干等份时，不是这份多点儿，就是那份少点儿，总难免出现误差。然而通过这项调查，有一点结论是明确的：埋粪虫是狂热的埋藏者，它搬入地下的东西远远超出消费需求量。埋粪虫从事的这样一项工作，是由协作程度不等，行动规模不一的劳动者集体进行的，显而易见，这会在很大范围内产生改良土壤的效果。更何况，有这样一支协同作战的部队在出大力，对环境卫生也是件值得庆幸的事。

植物，以及由植物引起连锁反应的大批生命物，都因这些掩埋工而受益。埋粪虫头一天埋入地下，第二天立即放弃的东西，并没有丧失价值，而且永远不会丧失价值。在整体世界的总结算单上，任何东西都没有损耗，那清单的总量是恒定不变的。昆虫埋藏了小粪块，日后将有一簇禾本植物因此而长得油绿油绿。一只绵羊经过这里，将这青草叼剪而去。结果，羊的后腿长肉了，这何尝不是人类所希望的呀。食粪昆虫的工业，最终转换出我们餐叉上的一口鲜美嫩肉。

[原著第5卷《埋粪虫与环境卫生》一文节译]

食尸虫埋肉

胡蜂、砌蜂也好，土蜂、蛛蜂也罢，都是在自己觉得合适的地方挖地穴；然后把捕获物飞运到那里，或者当捕获物过重的时候，把它徒步拖到那里。食尸虫的劳动可没有这么轻松。它不定在哪儿碰上个庞然大物，但没有能力运输，只得就地挖坑。

这无法选择的安葬地点，可能位于疏松土壤带，也可能处在多石地段；那地方也许是一小片露天地皮，也许是覆盖着草皮的土地，更有甚者，也许是交织着狗牙根细短根须的结实土块。碰上运气好，会有贴地而生的矮荆棘丛，小尸体被托悬在离地面几英寸高的位置上。哪位种园子的，断送了一只鼹鼠的前程，随后用铁锹把死东西抛出去，说不定落在什么地方；不管落点那里形成多少障碍，只要不是不可克服的，这地点掩埋工都得利用。

身为环境净化器的食尸虫，不拒绝任何尸体恶臭。一切野味肉食都对它有益，无论是生羽毛的还是长绒毛的，只要其体积重量不超出它的力量限度就行。两栖动物和爬行动物，也是它积极开发的对象。有些寻获物，很可能是它这个虫种未曾见过的东西，它也毫不犹豫地接受，例如某种红鱼，即中国的金鱼。金鱼一放进我那些笼子，立即就成了极受欢迎的肉块，并且照老规矩埋进土地。猪肉也不被漠视。至于刚好开始变味的羊排骨和牛排碎段，则更被它像对待鼹鼠和老鼠那样，郑重其事地埋入地下。一言以蔽之，食尸虫没有专一偏好，一切腐败肉质它都藏到地窖里去。

维持食尸虫的工业，对我们来说没有丝毫困难。一种野味短缺了，另一种野味，哪怕是头一次见到的，也可以用来作替代品。厂房问题也不复杂，一只宽敞的钟形笼足矣。笼子放在一个盛满新鲜沙土的瓦罐上，沙土要敦实，高度到罐口为止。野味肉食会把猫勾引过来，为了免遭猫的祸害，笼子可以放置在一个封闭的玻璃罩里。玻璃罩冬天可以用来罩护植物，夏天可以用来做虫子实验室。

再看看操作。死鼹鼠卧在笼内围场中央。质地均匀的疏松土壤，为食尸虫顺利工作创造了极好条件。与尸体同在的是四只食尸虫，其中三雄一雌，它们蜷缩在尸体下，人们看不见它们。鼹鼠好像在活动，其实是几位劳动成员用脊背把它拱得上下颤动。不知道怎么回事的人，会为此大吃一惊，以为死东西竟自己动起来了。随着工作的进展，掘墓工中的一位，它几乎总是只雄虫，从下面钻出来，绕着尸体转，掀动鼹鼠的绒毛，勘察体位状况。完事后，它又急匆匆地钻了回去。过一会儿再钻出来，重新了解情况。接着，又溜到尸体下面。

尸体颤动得更厉害了，左右摇摆，上下颤抖；与此同时，从坑里推出的土在尸体周围堆成一圈。凭借尸体自身的重量，加之忙碌不停的掘墓工在下面努力，鼹鼠在支撑物被不断挖掉的情况下，一点儿一点儿地下沉，一次又一次地落在新挖成的坑底上。

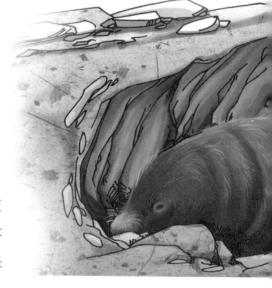

不久，在不见身影的挖土工的推顶下，鼹鼠周围的沙土颤动起来，随后塌落进坑，把沉入其中的尸体掩盖起来。这是

一种暗中进行的下葬，尸体仿佛是自己消失的，就像在流体物质的中心旋涡处被吞没了。此后很长时间，直到食尸虫认为深度足够以前，尸体还将继续下沉。

　　总而言之，工作十分简单：随着掩埋工们在前面向深处掏空穴土，以及陷入其中的尸体被摇动、拉拽，后面的沙土受到震颤而出现塌陷；于是，掘墓工不必插手，沙土便自己填满了墓穴。有尖爪充当性能良好的铲子，有强劲脊背拱得土壤微微震颤，这些就足够了，干这行无需更多的东西。此外还有一个关键，那就是频频晃动死者的技术。这项技术可以使尸体受到最大限度的压缩，让它在坑穴口径较小的时候依然能向下方通

过。过一会儿我们还会看到，在食尸虫的工业中，这项技术具有头等重要的作用。

鼹鼠虽然消失在地下，但仍远远没有抵达预定深度。这道工序的活儿，就让收尸工们去干吧。它们此刻在地下所做的，仍是地面工作的继续，没有什么新内容。我们等两三天再看。

好，我们等待的时刻到了，让我们了解一下地下发生的事情，察看一下公共尸坑吧。我不再邀请任何其他人前往挖看尸坑，我身边的人只有小保尔有助我一臂之力的胆量。

鼹鼠已不再是鼹鼠，成了一团暗绿色的可怕东西，散发着恶臭，绒毛脱得精光，蜷缩成圆溜溜的肥肉饼。这圆肉饼不太厚，一定是像厨娘手下的肉鸡一样，是经过精心摆弄后才变成这种形状的。尤其是皮毛脱得精光这一点，更说明它经过精心摆弄。这是为避免废毛料日后妨碍幼虫进食而采用专门烹饪方法做成的吗？要么是腐败作用造成的并无既定目的的掉毛现象？这一点我至今说不清楚。挖看尸肉的时候，从第一个尸穴到最后一个，里面的情形都一样，生绒毛的野味肉没有了皮毛，长羽毛的野味肉没有了羽毛，就连翅膀和尾巴上的粗羽也不见了。只有爬行动物和鱼类，仍然保留着鳞片。

我们再看这相当于鼹鼠，但鼹鼠外形已无法辨认的肉团。肉团安置在宽敞的地下藏尸室里，四下是封闭壁板，这里是可以与蜣螂的面包房媲美的名副其实的作坊。脱净皮毛的松散肉絮团，原封未动地储存在那里。掘墓工都没有开启包装，这是留给子女的家产，而不是父母的食品。为维持自己的体力，父母们最多只在涌出的血脓上吸食几口。

在一旁看守并捏揉着肉团的，只有两只食尸虫，即一对夫妻，再没有其他同类。挖坑的时候，分明是四只虫子在通力合作，那另两只雄性怎么啦？后来我发现，那两只雄虫与肉团保持一定距离，在接近地面的土层里蜷缩着呢。

　　这样的情形，并不是哪一次观察到的。每次掩埋尸体，都看见雄性充当主力，它们热情高涨，不久就结束了下葬工作。可是在藏尸室里，却只看到一雌一雄。其他雄性提供了强有力的援助后，便悄然撤离了现场。

　　实际上，掘墓工们都是家庭的杰出父辈。和它们在一起，我们会对昆虫界父亲不分担家庭义务的普遍法则，不由得产生极大反感。按照那条法则，母亲要先被戏弄一番，然后再被抛弃，去全身心地关照子女的命运。在昆虫社会的其他族群那里，雄性是游手好闲的懒汉；在食尸虫这里，它们却是拼命工作，吃苦耐劳的硬汉。它们有时在为自己的家庭劳动，有时则是为着别人的家庭，但它们从不计较什么。正当一对夫妻遇到难题的时候，野味肉的香气将信息传递出去，不久会忽然赶来几个帮手，充当夫人的侍役。来者溜到尸体下面，用脊背和爪子从事工作，把尸体埋进土里；完事后随即离去，留下本户男女主人在那里尽享欢乐。

　　夫妻俩再花上大量时间，互相配合着摆弄尸肉，脱净皮毛，然后捆扎成型，让肉团变成适合幼虫口味的多味熟食。一切就绪，两口子钻出地面，就此分道扬镳，按各自心愿再到别的地方，重新开始埋尸工作。起码，它们可以去充当不计报酬的帮手。

　　父亲为子女的未来操心，以自己的劳动为后代留下财富，这类实例我至今碰到过两种：一种是某些开发粪料的昆虫，另一种就是开发尸肉的食尸虫。这淘粪工和收尸工的习俗，真可谓模范习俗。我们所谓的"美德"，怎不相形见绌！

[原著第5卷《食尸虫》一文节译]

西绪福斯虫的父性本能

XIXUFUSICHONG
DEFUXINGBENNENG

几乎只有高级动物才一定要尽做父亲的义务。鸟类在这方面表现得很出色；一身皮毛的兽类也做得无可挑剔。低级些的动物，就没有身为一家之父的意识了。雄虫都怀有生儿育女的高涨热情，可热望一时得到满足后，当场便与对方解除两口子的关系，溜之大吉，根本不把日后那一窝孩子放在心上，反正它们总会自谋生路的。只有少数虫类不在惯例之中。

大多数昆虫，都实行与此相似的粗放型育儿方针。它们要做的，只是选好一处幼虫出了卵壳就可赖以组织家庭生活的食堂，或者选定一处日后让幼虫能自谋理想食宿的落脚点。凡此种种，都不需要父亲。姻缘一旦了结，自此无用的闲汉继续过上几天快活日子，而后便在对安顿家庭毫无建树的情况下断了最后一口气。

事情很怪，技能型昆虫中造诣最高的膜翅昆虫，竟不知有属于父性的工作。幼虫在许多事情上都指望着成虫，这种现状似乎应该促进做父亲的练就一身高超本领，然而他却能力低下得像只蝴蝶。殊不知，蝴蝶的后代家庭根本无需你花力气创造什么。我们觉得有充分理由相信，膜翅昆虫父亲应该具备这样那样的本能天赋，而事实上却看不到。

膜翅目雄虫没有表现出父性本能的才干，这就使我们对摆弄粪球儿的虫类感到格外惊讶：它们虽然不会造蜜，然而却具备令人佩服的不凡身手。各种食粪虫都奉行夫妻互相减轻负担的行为准则，它们懂得双方共同劳动能带来巨大力量。我们还记得埋粪虫夫妻齐心合力为幼虫准备遗产的情形。想想看，做父亲的在制作压缩香肠的过程中，不断用强有力的大手拍打按压，积极帮助自己的伴侣，那是何等高尚的家庭习俗。在一个普遍都由雌性单独劳作的环境中，这高尚习俗益发令人赞叹。

如果科学肯放下架子而让小孩们也感到亲切，如果我们的大学军营考虑在死书本之外再增设活动的野外学习，如果官僚们颇有好感的教学大纲套索不把有志者的首创精神扼杀干净，那么，自然史就不知能把多少美好善良的东西印在孩子们的心灵中！小保尔，我的朋友，咱们就待在乡村，置身于迷迭香和野草莓树中，尽一切可能学到更多的东西。咱们在这里一定能造就一副强壮的身体和一副强健的头脑；咱们在这里一定比在故纸堆里更能发现什么是美和真。

那一天是黑板失业的日子，真是件大好事。我们一大早就起了床，准备进行一次计划好了的远足。我们起得太早，你只能空着肚子出发了。别担心，什么时候想吃，我们就找块树荫歇一会儿，你可以在我那个旧背袋里找到干粮，还是那两样，苹果和面包片。五月快到了，西绪福斯虫按说已经出来了。现在要做的，是在山脚下畜群已经踏过的稀疏草地上搜索一番；我们要用手指头把羊粪球儿一个一个掰开，那些粪球儿虽然已经被太阳烤过，但干壳里面还有湿软的心儿。西绪福斯虫就躲在软心儿里，我们会看见它缩成一团，在那里静候着傍晚那次放牧可能带来的新鲜货。

小保尔一字不漏听我说着以前那些偶然发现所揭示的秘密，听完后立即出了师，当场掌握住抠牲畜粪心儿的技术。他投注了那么大的热忱，那么认真地闻着符合要求的粪堆儿，结果没花多少工夫，我的收获就超出了预先估计的最高水平。现在我已经有了六对西绪福斯虫，这样大笔的财富是前所未闻的，以前我连想都没想过。

养育它们，不必用鸟笼。一只金属网钟形罩就够了，里面再铺上沙子底，投放些它们喜欢的食物。它们的个头儿，可真小，最多也就是樱桃核那么大？尽管如此，它们的外形还是很有特色的。短粗身材，尾端缩成弹头形；腿很长，像蜘蛛一样伸展开来；两条后腿长得出奇，呈一对弧形，非常适合搂抱和收紧小粪丸。

一入五月，交尾开始，就在刚刚撒开肚子美餐过的畜粪蛋糕之间，找块平地就行。很快，建立家庭的时候到了。夫妻双双以同样高涨的热情，共同参与为儿子们准备面包的劳动，揉面团，运回家，入烤炉，样样都干。前爪上的小刀用力一划，一块大小正合适的粪食切下来，供它们加工用。这时候，

做父亲的和做母亲的齐心协力，共同摆弄切下的小粪块，轻轻地拍打，加力按压，制作成大豌豆粒般的小丸。

和我们在圣甲虫的作坊里看到的一样，完成粪球儿的浑圆造型，不必再借助于横向滚动的作用力。一块粪食在移位之前，甚至是在原地晃动之前，就已经被模制成了球体。这又是一位致力于形状问题的几何学家，它追求的是适合长时间保存食品的最佳外形。

小球很快就做好了。现在需要通过疾速的滚动，使小球外表形成一层包皮，以此防止湿软食品的水分过快蒸发。那位做母亲的开始上套，从较为粗壮的体魄能看出她是母亲。她坐在了正位上，即球车的前方。两条长长的后腿支在地面上，两条前腿搭在粪球儿上，她倒退着将小球向自己这边拽。父亲在后边推，姿势刚好相反，是头朝下。这正是圣甲虫也使用的双人操作法，只是劳动的目的与圣甲虫不同。西绪福斯虫这样一架小球车所运载的，是为一只幼虫准备的财富；圣甲虫那种大型粪球车，则运载的是供老搭档日后重逢时举行地下欢宴的食品。

看哪，两口子出发了。没有既定的目的地，赶上什么恶劣的路面都要前进，如此倒退着行走是不可能避绕障碍的。再说了，这些路障本身就是一种显示精神的机会，西绪福斯虫大概并不想绕开它们，而是要爬上这钟形罩的金属网，以此证明自己具备坚忍不拔的意志品质。

这种举措难度太大，无法实施。母亲用后爪钩住金属网眼，前爪使劲儿拉拽，重物被向上拖吊起来；接着她搂紧粪球，把它悬抱住。父亲已经脚底无根，索性顺势攀上了粪球，爪尖抠进球体，可以说是把自己嵌进了球车。粪团的重量增加了，他那里却无动于衷，听其自然。不管再付出多大努力，也不可能坚持多久。粪球和镶嵌物合成的大球块，果然跌落下来。母亲从高处张望片刻，好不惊奇，随后立刻滑落而下，重新操起粪食丸，再次开始无法成功的攀缘尝试。

两人一次又一次摔下来，最后，登高行动放弃了。

平地使车，也并非那么顺利。无论什么时候，只要是滚过一颗石子的小山包儿，就会看到货物一个倾斜，接着车辕翻了个儿，六脚朝天，一阵蹬踹。这不算啥，太不算回事了。二位又爬起来，重新各就各位，而且没一次不是快快活活。别看翻车每每会把这西绪福斯摔出老远，肚皮朝天，它却总是满不在乎。它们甚至会这样说：我们巴不得多摔几个哪。是啊，让食品丸摔得更熟，滚得更实，何乐而不为？既然有了这样的基本考虑，节目单中自然就安排了碰、撞、跌、颠等一系列表演。这着魔般拖带粪球儿的一幕，一连持续了好几个小时。

最后，母亲认为事情做得够完美了，于是抽身离开一会儿，去物色一处理想的地点。父亲蹲在财宝上守候着。雌性伙伴离去后迟迟未归，雄虫便翘起两条后腿，抱着粪球迅速翻转，以此消解心中的烦闷。他用一套独特的手法耍着心爱的小球儿，用一副弧形支脚的卡钳测试球体的尺寸。看他操着欢快的动作不停扭动，有谁会怀疑，为未来家人操劳一事证明自己是一家之父，此时他正因此而欣喜若狂呢。他似乎在说：是我揉成了这暄腾浑圆的面包，是我给我的儿子们做的。他擎举着的，是一份显示已获得为众人利益工作

资格的勤劳证书。

这期间，母亲完成了选址工作。地面挖出一个小凹坑，这只是计划中地洞工程的最初阶段。粪食丸被移到坑沿上。父亲担任警觉的护卫，抓着小球儿不放；母亲操着爪子和小硬帽，连挖带拱。工夫不大，小坑够大了，已能容下小半个粪球儿。这之后，西绪福斯虫必须时刻与这圣物保持接触，用背顶着它，感觉到它在身后不停颤动。证实没有寄生虫食客接近后，才开始继续挖洞。它们担心，小面包在地洞口外一直放到贮藏室全部完工，恐怕会招致食客的侵害。的确，腻虫、蝇子多的是，它们会攫取这劳动果实。谨慎起见，还是该细心看管，杜绝疏忽。

粪食丸就这样向下滑落，整体已有大半坐入了盆形坑洞。母亲在下面，抱住小球拽；父亲趴在球上，减轻球体摆动，同时防备出现塌方。一切顺利。挖掘工作继续进行，球体继续下陷，谨慎态度依然如故。一只西绪福斯虫拖拽埋藏物，另一只控制下沉运动，并且清理可能碍事的物障。再经过一番努力，小球随两位矿工一起消失在地面之下。又过了一段时间，还是什么也看不到。让我们等上大约半天吧。

只要我们坚持观察，毫不松懈，就会看到结果。父亲出来了，但独身一人，只见他走到离地洞不远的地方，在沙土里缩腿休息起来。母亲留在洞中，她要做她的事，那种事是异性配偶所帮不上忙的，所以一般要到第二天才会出来。最后，她终于露面了。父亲从打瞌睡的隐蔽所跑出来，回到母亲身旁。重新团聚后，夫妻双双走到食品堆旁，先在那里用餐，然后又切下一小块原料，二人再次合作，共同加工成型，共同装车运输，共同埋入地窖。

看见夫妻双方都这样忠实，我心里感到很舒服。这忠诚是不是已成为行为准则?我不敢肯定。在这方面，会有一些朝三暮四的雄性，它们一旦置身于大蛋糕下的杂处环境之中，就把自己曾为其充当过小伙计的第一位异性面包师傅忘

得干干净净，转而效忠于随便遇上的某位新异性；也会有一些结为临时夫妻的事例，双方只做完一个小食丸就离异了。但这无伤大雅，这种情况我只碰见过极少次，所以我依然认为，西绪福斯虫的家庭习俗是淳美的。

说到地洞里的情况之前，我们先回顾一下西绪福斯虫的习俗。父亲和母亲同样出力，参加为一只幼虫准备食物的取材和模制工作；他参与运输，当然，其角色是辅助性的；母亲去寻找掘洞地点的时候，他看守面包；他协助挖掘工程的施工；他把从地下推出的废料清理到洞口外边；最后一点，集这些品质于一身的他，在很大程度上做到了忠实于自己的配偶。

上述特点中，有些在圣甲虫那里也可看到。它们相当乐意双方一块儿加工粪球儿，它们也知道彼此操着相反的姿势驱动球车。然而我们要重复一遍，它们那种互助行为的动机是利己主义。换言之，两位合作者都只是怀着一个心计在制作和运输粪球儿：对它们来说，手中的东西是供自己美餐的圆面包。若就其家庭事务而言，圣甲虫母亲是没有帮手的。实际上只是她自己在制作球胚，移出粪堆儿，倒立着推滚，这种姿势在西绪福斯虫这里，则是雄性所甘愿采取的；只是她自己在掘土掏洞，而且只是她自己在埋藏粪球儿。其异性伙伴根本未把产卵、育幼之事放在心上，不在令人筋疲力尽的操劳中出一把力。看，这与我们同样和粪球儿打交道的小矮子金龟相比，有多大的差距！

关于西绪福斯虫，还有个值得一提的观察结果。我金属网钟形罩里的六对夫妻，一共给我提供了五十七个安排上居住者的粪球儿。

照这一人口统计数字推算，平均每对夫妻已经生出了九个孩子，这一指标是圣甲虫远远达不到的。出生率为何在这里出现大幅度回升呢？我以为起码有这样一个原因：父亲和母亲一样劳动。独自一人承受不了的家庭事务，由两人分担就不觉得负担太重了。

[原著第 6 卷《西绪福斯虫与父性本能》一文节译]

不吃蜜的
蜜蜂婴儿

外出猎食的伯罗奔尼撒蜂①，捕获一只蜜蜂后飞回自己的地洞口，落在地面上。它把猎物压在身下，用自己轧榨机一般的大肚子挤压猎物。猎物体内的蜜汁流出来，猎手开始贪婪地吸食。经过如此处理，尸肉被这泥蜂拖入贮藏室。事情清楚了：为幼蜂储备的蜜蜂尸肉食品，要先精心榨干蜜汁。

要想参观伯罗奔尼撒蜂的地下洞穴，谈何容易。地洞建造在硬质土壤带，通道一会儿垂直走向，一会儿水平走向，一直到达地下一米深的地方，所以此事离不开锹、镐这类得力工具。但这类工具仍达不到所需的专业要求，挖掘工作不尽人意。这条长地道的尽头，处在连铁丝都无法捅到的地方，那里建造了一个个横卧式椭圆形小贮存室。这些小隔室的数量和整体布局，我没能完全考察清楚。

有些小隔室里，已经安置了伯罗奔尼撒蜂的卵。它们的外观和节腹泥蜂的卵差不多，形状细长，半透明，样子像实验室用的一种小瓶，瓶肚长圆，瓶颈渐细。卵体细颈的末端，已有黑硬的幼虫排泄物。蜂卵稳稳当当地放置在小隔室的最深处，没有任何支撑，就像只把柄贴墙横放的短小狼牙棒。有些小隔室，

---

① 伯罗奔尼撒蜂：该蜂种在昆虫学分类中属蜜蜂科泥蜂族，成虫主要以采食花汁为生，也吸食蜜蜂嗉囊中的糖汁。

里面住着发育程度不等的幼虫，啃咬着母亲新近配送的一份肉食。它们周围，堆着吃剩下的蜜蜂残骸。还有一些小隔室，分别储备了尚未食用的蜜蜂尸肉，而这些死蜜蜂的胸口部位却有一粒伯罗奔尼撒蜂的卵。这些尸肉，应该就是幼虫的第一份口粮。随着幼虫的成长发育，还会有食物不断送到。这印证了我以前的推测：蜜蜂杀手伯罗奔尼撒蜂也和双翅目昆虫杀手泥蜂一样，是把卵产在最先储备的蜜蜂躯体上，以后再不断给婴儿追加食物。

　　猎物的问题清楚了，还有一个问题很需要探究：伯罗奔尼撒蜂母亲把蜜蜂尸肉喂给幼蜂之前，先要吸干蜜蜂体内的甜汁，这又出于什么动机？难道伯罗奔尼撒蜂杀死蜜蜂后挤压它的身体，其理由或借口就是为了满足自己的贪婪吗？我已经不止一次说过，我认为不会是这样。如果出于贪欲，抢走劳动者所收获的果实也就够了，这种事天天在我们身边发生着，何必还要把劳动者杀死，再吸干它的胃，这么干似乎有些过分。凡是贮藏到小隔室里的蜜蜂尸体，都被使劲儿压挤过，都被吸干了体内的蜜汁，这使我突然萌发一个想法：并非所有人都喜欢吃带果酱的牛排，如此看来，蜜汁蜂肉这道菜在伯罗奔尼撒蜂幼虫心目中，很可能既难吃又有害健康。设想，幼虫饱餐了一顿血肉，忽然嘴边冒出个蜜囊，此时它会作出什么反应？如果不经意间一口咬破蜜蜂的嗉囊，蜂蜜流到野味上，它又会作何反响？挑剔的幼虫会对这肉蜜混合餐感觉如何呢？这小吸血鬼，它是否对掺入花蜜而略微变味的尸肉不产生丝毫反感呢？是与否，现在下结论没有意义。我们应该去观察，去探究真实情况。

我收留了一些发育到一定程度的伯罗奔尼撒蜂幼虫，用我捕获的野味供养它们。但这些野味都是吸足迷迭香花蜜的蜜蜂，而不是地下洞里那种被榨干了蜂蜜的蜜蜂。我的猎物都是捏碎头后死的，投放给幼虫时颇受欢迎。最初一段时间，没发现能为我解答疑问的任何事实。后来，那些幼虫显得无精打采了，食欲欠佳，进食漫不经心，这儿张一口，那儿碰一下。最后，它们一个接一个地全都死在了啃咬过的猎物近旁。我的一切努力均告失败，收养的伯罗奔尼撒蜂幼虫无一例成功活到化蛹期。身为虫"父"的我，养虫经验算是够丰富的了。经我手饲养过那么多蜂类幼虫，它们在我的旧沙丁鱼罐头盒里，发育得和天然洞穴里一样正常！我并不在乎这次失败，只要严肃认真对待，它就会对以后的工作有好处。失败原因可能是我房间里的空气，还有我为幼虫铺垫的干沙。伯罗奔尼撒蜂幼虫已经适应土质松软略潮的地下环境，它们细腻的皮肤适应不了地面的空气和干沙。我们再尝试其他方法。

采用带蜜全尸喂养法验证伯罗奔尼撒蜂幼虫对花蜜是否反感，实际上仍不够严谨。幼虫开始阶段啃食蜜蜂体肉，仍属于常态进食，没出现什么异常。到后来，猎物已大量消耗，幼虫舔到蜂蜜才表现出些许犹豫和委靡，这实际上是经过相当一段时间进食之后才发生的事。忽视全过程，只顾后一阶段，这样得出的结论不够可靠。幼虫的不适感觉，也可能是其他已知或未知原因造成的。最好能一开始就喂蜂蜜，因为幼虫的口感此时还没有受人工投食的任何影响。自始至终坚持喂蜂蜜的做法，自然用不着再试验了，因为我们已经知道这昆虫婴儿本来就是食肉的，想必挨饿也绝对不会去碰蜂蜜。照此看来，能让我这一课题作出结果的惟一方案，就是投喂黄油皮儿面包片，也就是用小刷子轻涂上一层蜜的蜜蜂尸体。

这种方案实施后，答案从幼虫第一口进食就开始显示出来。刚咬上涂蜜野味一口，它就厌恶了，扭头抽身，打算离去。只见它那里再三犹豫，犹豫再三。也许由于饥饿难忍，终于决定再一次进食。它在野味一侧探探嘴，又转到另一侧沾沾味儿，反反复复尝试许多次，之后始终没有再去碰猎物。几天过去，它已奄奄一息。最后，它死在原封未动的食物旁。给多少幼虫喂这种食物，就有多少幼虫毙命。究竟它们纯粹是因为不吃倒胃口的异样食物饿死的，还是因为一开始吃进少量蜂蜜而中毒身亡？不得而知。但不管是中毒还是厌食，有一条可以肯定：涂了蜜的蜜蜂，对于伯罗奔尼撒蜂幼虫来说是致命的。有了这样的实验结果，无疑可以得出一条肯定性的结论；然而，这项实验结果还有更大意义，它解释了为什么我此前用未榨干蜂蜜的蜜蜂喂养幼虫会失败。

蜂蜜有害也罢，难吃也罢，反正伯罗奔尼撒蜂幼虫拒绝食用。这应当是揭示着昆虫食性中某种普遍规律性的一个实例，而不是这种泥蜂所独有的现象。其他食肉昆虫的幼虫，至少是膜翅目食肉昆虫的幼虫，大概都会有这样的表现。

[原著第4卷《伯罗奔尼撒蜂》一文节译]

三齿蜂孵化室的出路

初步实验表明，树莓木段处于垂直或者基本垂直状态，壁蜂的洞口是朝上开的。自然条件下，情况一定是这样。我可以换换花样，随意改变一下条件，既可以把管状物垂直放置，也可以把它水平放置；既可以让惟一的开口朝上，也可以让它朝下，甚至可以让它两头都不堵住，形成两个都能出去的门洞。条件不同，情况会发生什么变化？这正是我们想通过三齿蜂来作的观察。

玻璃管垂直悬挂，上端封闭，下端敞开，相当于一段洞口朝下的树莓木段。为了使这项实验做得有所不同，而且增加些复杂性，我在实验器材的各个玻璃管里，安置了体位各异的壁蜂蛹。有些是蛹头朝上，冲着封闭的那一端排列；有些是蛹头对蛹头，蛹尾对蛹尾，也就是说，头朝上的与头朝下的交替排列。各个蛹之间，不言而喻，还是用不厚的高粱秆切段作隔板。结果，所有管里的情况是一致的：头朝上的，化蛹成蜂后都像处于自然条件下一样，挖咬上面的隔板；头朝下的，化蛹成蜂后都在房间里掉转过头去，然后按一贯做法向上行动。总之，无论蛹怎么放，它们一般都向上寻找出路。

显然，这里面有地心引力的影响。地心引力提示虫类将颠倒了的体位纠正过来，这如同我们人类头朝下时也会受到这种提示一样。自然条件下，昆虫只要遵从地心引力的意见往上挖，就一定会到达上方的出口木门。但是在我的器材中，它上了地心引力意见的当，往上走却没有出路。壁蜂被我骗得走错路，聚集在玻璃楼顶层，死成一堆，埋在自己扒掉的碎砖瓦下。

的确，也有试图向下方开路的。但方向朝下者极少成功，特别是身居中层或上层的壁蜂。依昆虫本性，它们不擅长按不合常态的相反方向行动。再者，逆向挖掘面临一个严重问题。壁蜂从来是把挖出来的东西抛向后方，但逆向行动时，这些东西借自身重力又都回落到大颚下面，清理场地的工作在不停地重头做起。壁蜂被这桩没完没了的活计累得精疲力竭，对这种莫名其妙的工作方法产生怀疑，索性彻底停工不干了，其结果只能是困死家中。应当补充一句，位于最下层和较靠近下端出口的壁蜂，最后还是有一只或两三只能获得解放，它们毫不犹豫地向下方隔板发起进攻。而此时此刻，它们的伙伴，即它们之中的绝大多数，仍在一门心思地向上，向上……最后都死在顶层单间。

蛹头朝向仍像刚才那样摆放，但蛹巢采用天然材质树莓木段，这样重复一遍上述实验并不难，只要把正常情况下的木段改为口朝下垂直悬挂就行了。我们现在做另一项实验。两根住进三齿蜂的树莓木管，一根口朝上摆放，一根口朝下摆放，但出口全都堵死，结果所有昆虫都死在了竖井里，有的头朝上，有的头朝下。还有三根住上黄斑蜂的树莓木管，出口全都留在下方，结果所有居民都安然无恙。难道两种膜翅昆虫对地心引力的感应不一样？或者是黄斑蜂一出世就要穿越不易逾越的棉网袋障碍，所以比较擅长在不断有碎瓦砾坠落的工作面上掘进？说得更明白些，是不是黄斑蜂向上走出长廊孵化室的过程中，阻挡不住它的絮状障碍本身，也从来拦挡不住从上面不断坠落的烦心的渣屑？这一切都有可能，只是我不能作任何肯定。

现在用两端开口的玻璃管做补充实验。除上端增设了开口之外，蜂蛹安排方法和前面一样：有的管子里，蛹头朝下；有的管子里，蛹头朝上；还有的管子里，两种朝向的蜂蛹交替排列。实验结果与此前得到的大致相同。几只离下方出口近的壁蜂，不管蛹是怎么放置的，都走的是下行路线；其他绝大多数壁蜂走的是上行路线，即使它们的蛹头是朝下的。两道门都可以自由出入，所以，不管从哪道门出去都是成功。

这些试验可以得出什么结论呢？第一，地心引力指示昆虫向上行动，因为自然状态下，门开在上方；即使蛹头倒置，地心吸力也会暗示昆虫，让它在房间里掉转过身去。第二，我觉得，这其中多少有大气产生的影响。不管怎么说，促使昆虫向出口运动的，还有个第二原因。在此我们可以做个假定，指使隐居者们穿越层层隔板的第二个因素，就是周围自由空气产生的影响。

一方面是地心引力的影响，所有昆虫都会受这种影响，不管它住在哪个楼层。这就是指引整窝壁蜂从底层向顶层行动的共同领路人。另一方面是周围空气的刺激，当下端开有出口时，处于低楼层的壁蜂还有这第二领路人。就低楼层壁蜂而言，空气是比重力更起作用的因素。隔板严实导致外部空气透入量很少，如果说底层还可以感觉得到空气，那么随着楼层升高，空气透入量会迅速减少。只有少数蜂虫处在主导影响为大气的位置上，所以，只有它们得以寻着下面的开口走去。它们甚至能根据具体情况，能动地调整体位方向。相反，位于高层的绝大多数蜂虫，由于只受地心引力的左右，即使管状物上端已经封闭，也要一味地向上寻找出路。显然，如果上端和下端都有开口，引导高层居民向上行动的同样也是重力、空气双重因素。但无论怎么说，住在最低层的居民毅然向下方迈出脚步，它首先听从的还是周围空气的召唤。

[原著第2卷《树莓木里的居民》一文节译]

树蜂的
导向罗盘

栖驻于树内的虫类，如何在木头深处辨别开路的方向？它也有自己的专用罗盘吗？看来应该有，因为它需要能够以最快速度通向目标的暗道，这目标便是光明。幼虫期的树蜂，身处曲径繁复的迷宫，长期都在漫不经心地徘徊，散步。此时此刻，成虫树蜂为了达到迅速弃树而走的目的，断然选择了既省力又平直的路线。只见它将胸腹的连接部弓成肘形，借此调转身体，调整着方向。一旦与树皮层形成垂直角度，它就径直向着距离最近的树皮表面全力钻进。

无论遇到什么障碍，树蜂通道的路线都没有变化，严格遵循那略呈弧线的水平走向，诚可谓方向一经确定就绝对不允许改变。必要时树蜂宁肯啃噬金属障碍物，也不愿改变体态而背离所觉察到的附近光源的方向。在研究机构的昆虫学档案中，记录着这样的事：弹药箱中的子弹壳被如旺古斯树蜂钻透；格勒诺布尔弹药库中的库加斯树蜂，用同样方法打通了出路。弹药箱中的幼虫发育成了成虫，它认定自己固有的逃生方法，毅然决然在铝板上凿出洞来逃走。为什么一定要这样做？因为它断定，离自己最近的光明就在障碍物铝板后面。

一定有什么用以辨别方向的无形的导向罗盘，这一点毋庸置疑。无论是幼虫先期为成虫阶段开辟辅助通道，还是成虫最终为自己开凿脱身出路，囚居圆木之中的树蜂必然有这种无形导航仪。这种导向设备是怎样的呢？这个问题目前还无法探明。我们还没有足够精密的感觉器官，因此无法借助于实际感觉来推测为动物指引方向的感应要素。有鉴于此，动物导向一事，显然是我们的器官无法感知的另一个感觉世界的事，那是一个对我们封闭的世界。暗房中专用的视觉设备，可以看到肉眼观察不到的事物，摄录到只有紫外线才能发现的东西。音响设备麦克风的薄膜，可以听到人耳辨听不到的声音。物理学的精密仪器，化学的试剂，这些东西的感应力也都超过我们感官的感应限度。有鉴于此，昆虫精妙的生理构造也具备类似本领，它甚至超出我们的感知能力，连我们的科学也无法探知。如果真有人这么认为，这样的说法是否显得太轻率了？面对这一质问，做不出任何肯定性回答。我

们只能存疑，如此而已。我们持这种态度，为的是保持警惕，务必防止自己头脑有时也冒出什么轻率误判。

是不是树木的结构引导着幼虫或成虫呢？横向啃凿木质层，昆虫可能以这种方式感知周围环境；纵向啃挖的时候，它又以那种方式感知周围环境。难道这当中不存在为钻孔工引导方向的特殊器件吗？没看到。我们在埋立土中的树干内部观察到，昆虫是根据自己所处位置离光远近来挖掘通道。因此，它有时沿直线纵向上挖，在立木顶部截面处挖开出口；有时取弧线横向平凿，在立木侧面凿开出口。

这观察结果让我明白了什么？是树蜂导向属于化学反应、磁场效应或者热场效应吗？不是的。事实上，在直立的树干内部，逃生暗道既有通向长年背阴的北面的，也有通向每日阳光照射的南面的；然而，凡是通向出口的通道，总是向离虫子所在位置最近的树木表皮开凿，除此之外没有什么其他的规定性了。方向是由温度决定的吗？也不是。这么说是因为，尽管树的阴面温度较低，但准备出走的虫子和喜欢阳面一样，也喜欢阴面。

是声音引导方向吗？不是。幽静的树干中有什么声音呢？况且，树外声响多穿透与少穿透一厘米木层，差别又能有多大呢？是重力引导方向吗？也不是。我们曾在横放的树干中观察到，有些树蜂就是头朝下方，向着与许多伙伴相反的方向开凿出口的，但既定的弧线轨道没有改变。

那么，究竟是什么为树蜂引导方向呢？对此我一无所知。要知道，这已不是我解答不出来的第一个问题了。还是在研究三齿蜂如何走出芦竹管时，我就认识到了物理书留给我们的空白。在找不到其他答案的情况下，我当时认为答案应该是这样的：一种特殊的空间感觉能力，即，对自由空间的感应力。树蜂、吉丁和天牛科昆虫，让我再次想起这个问题，我不得不再一次援引上述看法。并不是我本人非要这样回答问题不可，而是任何语言都无法恰当地表述未知事物。黑暗中的隐士懂得以最短的路线找到光明，这就是无言的证词。对所有诚实的观察工作者来说，承认这一证词并不是什么耻辱。一批又一批观察工作者，认识到了变形论无法解释本能，他们能够深刻体会阿那克萨哥拉①的思想。在此我借他的话作为本篇研究的精炼结语：**我们曾经努力过。**

[原著第4卷《树蜂的问题》一文节译]

---

① 阿那克萨哥拉：古希腊唯物主义哲学家，因认为太阳不是阿波罗神而被逐出雅典。

三种垒筑蜂

SANZHONGLEIZHUFENG

人们借"泥石屋"这个希腊语名词来称呼这类蜜蜂。"泥石屋"的本意，是指用石块、混凝土和泥浆建造的房屋。对不谙希腊语精妙所在的人而言，这一命名方式确实离奇；但不采用这离奇的命名方式，就难以找到如此巧妙的名称。用作昆虫命名，这名称其实是指几种膜翅昆虫，它们采用类似人类的建筑材料营造巢室。这些昆虫的工程，就是泥瓦匠的工程，只不过这些蜂类泥瓦匠的方法比较粗糙，它们更善于采用的不是裁切成形的石材，而是用于垒筑的黏土材料。从雷奥慕尔的多篇学术报告来看，他对科学分类法不够了解，屡屡出现很令人费解的说法。但是，他采用了以工程特点为工人定名的做法，把这类用黏土作材料的建筑工叫做"垒筑蜂"。这名称仅使用一个词，便贴切地道出了这类蜜蜂的特征。

我们那一带有三种垒筑蜂，由于筑巢时选址不同，我分别把它们称作卵石垒筑蜂、灌木垒筑蜂和棚檐垒筑蜂。在雷奥慕尔那里，卵石垒筑蜂被称作墙壁垒筑蜂。卵石垒筑蜂的雌雄两性，体色迥然不同。如果是观察工作新手，猛然间看到从同一巢室中钻出的两性，会立刻断定它们是完全不同的两个蜂种。雌蜂浑身裹着华丽的黑天鹅绒，翅膀是暗紫色的。雄蜂不着黑绒，而穿色彩鲜艳的铁红套服。另外那两种垒筑蜂，雌雄体色差别不大，都是褐、红、灰三混色。

正如雷奥慕尔所介绍的，墙壁垒筑蜂在北方诸省选择的巢址，都是正好朝阳的墙壁，而且墙上没有涂抹灰层，因为那样的墙皮会剥落，对未来的蜂巢隔室会造成危害。这种垒筑蜂只把建筑物坐落在牢固的基础结构上，或者光秃秃的石头上。我发现，这蜂种在南方选址时也十分慎重。但不知出于什么动机，它们在南方却不以墙壁做巢址，基本上都喜欢另一种基础结构。它们把巢室建筑在一块滚圆的石头上，石头往往还没有拳头大。这种石头分布在罗讷河河谷地带，形成层层岸坡，都被凌汛时节的大水冲湮过。这就是墙壁垒筑蜂在南方偏爱的房基。类似的建筑基地，比比皆是，都可以供这种膜翅昆虫选择利用。例如，所有不高的坚实土台，或者所有百里香遍布的硬土带，那些地方其实都是掺着红土的卵石堆积层。在河谷，这种垒筑蜂更常利用的，是激流冲刷过的碎石头。在奥朗日附近，它们喜欢埃格河的冲积层，那里有河水冲不到的卵石滩。如果是没有卵石的地区，它们便在石块、田边或院墙上找个地方，也可以筑巢安家。

　　棚檐垒筑蜂选择巢址的范围较宽。但它最喜欢的，是把施工场地选定在房顶突檐的黏土质瓦片下面。它不做田边地头儿的小民，那里无法像房顶屋檐那样能把巢室掩蔽起来。房檐下，每年春天都有这虫类的大批殖民安家落户。它们那些垒筑工程一代传给一代，年年有所扩大，最后连成一大片。我曾在一座棚屋的瓦层下面看到，如此逐年扩展的蜂巢绵延不断，已经占据了五六平方米的面积。这虫类在那里埋头工作，劳动者数量甚多，"嗡嗡"作响的一大群，令你头晕眼花。它们对阳台底下同样感兴趣。此外，废旧窗户的窗口空间也很合它们的意，尤其是遮着可以让它们自由出入的百叶窗的窗口。上面说到的，都是大型聚会的地点，垒筑蜂们成百上千地混合在一起，个个都在为自己工作。这蜂类也有独自筑巢的时候：一只蜂遇到一处有遮蔽的小角落，只要觉得那里基础牢固，阳光充沛，便立即着手安家。至于基础结构的材质如何，对棚檐蜂无关紧要。我曾见过，它们有的在光秃秃的石块上筑巢，有的在砖块上筑巢，也有的在窗户遮板的木头上筑巢，甚至还有的在棚屋玻璃上垒筑起了自己的住宅。惟有一种东西它们见不得，那就是我们房屋外表上用灰泥粗粗抹成的涂层。它们和我们一样谨慎，生怕把巢室安在可能坠落的支撑物上，会导致巢室毁于一旦。

　　灌木垒筑蜂，是把住宅建在悬空的地方，吊挂到一根细枝上。充作篱笆墙的各种灌木，无论是英国山楂，是石榴，或是马甲子，都可以为灌木蜂提供建筑物的支撑点，位置一般在一人高的地方。假如是圣栎树、榆树和松树，巢址位置则选得高一些。由于是灌木丛，它们只好挑选稻草粗细的细枝，在那狭窄的房基上用泥浆建造住宅。这种材料的蜂巢建好后，样子像个泥球，灌木细枝从一侧插穿而过。单独一只蜂工作，蜂巢造得只有杏子大小；若是几只蜂通力协作，就可以建成拳头大的蜂巢。不过，这后一种情况是罕见的。

　　这三种膜翅昆虫，使用的都是同一类建筑材料，即，含有石灰质的黏土，掺上少量沙粒，加入泥瓦匠自己的唾液揉和而成的泥料。土质湿润的地点，本来便于取用材料，而且可以节省和泥用的唾液；然而，垒筑蜂都看不上这种地点，它们绝对不使用现成的湿泥。它们这做法，与人类建筑工作者的做法道理相同。我们也不喜欢使用已出现裂痕的湿石膏团，以及加水熟化很长时间后的熟石灰。总之，凡是在自然状态下饱和了水分的材料，它们均视为不可取。垒筑蜂需要的，是干燥的粉状材料。这样的材料，遇到蜂类吐出的唾液时吸收性极强；而且能够和唾液中的蛋白质成分结合在一起，形成一种快速固化的水硬型水泥。垒筑蜂的建筑材料，可以和我们用生石灰加蛋清合成的材料相提并论。

[原著第 3 卷《垒筑蜂》一文节译]

BIFENGJIEYUETINENG

壁蜂节约体能

什么因素促使壁蜂调动起沉睡于自身的潜能？它掌握多样化的筑巢技艺有什么用？不用太下功夫，壁蜂就会向我们吐露它这些秘密。我们将考察它建造在一个圆柱体内的巢室。它造在芦竹以及其他圆柱体内的蜂巢，其结构我已经详细描述过了。这里我要做的，只是扼要介绍一下壁蜂筑巢的主要方法特征。

首先说明，我们选用的芦竹分三种规格，即小号、中号和大号。所谓小号，指的是内径小的芦竹，管内通道狭窄，但壁蜂在里面还不会觉得束缚手脚，仍可以从容操持家务。说得具体些，就是壁蜂在里面可以原地转身，能把蜜汁吐在采来的花粉堆上，然后再把肚子上的新花粉刷下来。如果这些操作在芦竹管内无法进行，或者，为了摆一个便于刷花粉的姿势，还得先倒退出去再倒退进来，那么，这段芦竹壁蜂是不愿意选用的。中号芦竹，尤其是大号芦竹，无疑给这位保障食品供应者的行动带来充分自由。但要交代一句，内径不超过一间蜂室宽度的中号芦竹，内部空间的宽窄倒是与日后虫蛹的体积相匹配；大号芦竹的内部空间则可谓已开阔有余了，同一内径平面上必须造好几间蜂室。

经过一番实地比较，壁蜂乐意选择小号芦竹作定居场所。在小号芦竹里筑巢，工作要简单得多，只管用泥巴在芦竹腔内一堵接一堵地垒筑隔墙，笔直的一趟蜂房就造好了。雌蜂先垒一堵泥墙，然后靠墙根儿堆放掺蜜汁的花粉；感觉食品储量已足，便在食品堆上产下一个卵。这之后，而且是只有此事办妥之后，它才开始继续干泥水匠的活计，给这间蜂室垒起一堵外侧隔墙，这堵外隔墙自然正是下一间蜂房的基础内墙，雌蜂又在墙根儿堆放花粉产下卵，再封上一堵外隔墙。就这样，它堆粉、产卵、垒墙，堆粉、产卵、垒墙，一直到自己在芦竹腔内产下足够的卵。最后，它用厚实的泥塞子堵严出口。总之，这种最为简单的筑巢法有其特别之处：蜂室里备足食物后才继续垒隔墙，存粮、产卵工作于封巢之前干完。

初看起来，这些细微末节几乎不值得注意，难道往各间蜂室堆放东西不应当赶在封闭它们之前吗？然而，把家安在中号芦竹里的壁蜂可不这么看问题，其他昆虫泥水匠们在这一问题上，与中号芦竹里的壁蜂持相同看法，例如我们以后会了解到的筑巢螟蠃蜂即是如此。现在通过实例，来揭示壁蜂所具备的应付特殊情况的潜能。壁蜂可以突然调动起这些潜能，尽管这类潜能有时与习惯做法大相径庭。腔管内宽度稍微超出日后虫蛹宽度的芦竹，虽然并不妨碍蜂卵化蛹，但却妨碍吐蜜和堆置花粉颗粒，因为两侧壁板间距过大会影响支撑性能。遇到中号芦竹，壁蜂将工作顺序完全颠倒了过来：它先立起外隔墙，然后再往里面填充食物。

它开始沿芦竹内径转上一周，垒成一堵环状墙基。接着又不停地来回进出，搬运泥浆。终于，一堵面积与芦竹管截面相当的隔墙建成了。泥墙边缘留有一处圆圆的进出口小洞，刚好能让壁蜂通过。这样，一间基本全密闭的蜂室先被隔出来。这之后壁蜂钻进去，着手储备食物和产卵。它一会儿用后爪蹬住进出口边沿，在室内倒空嗉囊中的蜜糖，一会儿用前爪扒着小洞的边沿在室内刷净肚皮上的花粉。进行各种操作时，进出口小洞成了它无需费力就能巧为利用的支撑点。小号芦竹内径小，狭窄空间本身就具备良好的着力点，所以筑墙工作可以推迟，待备足食物、产下卵之后再说。可眼下是中号芦竹，内径较宽，蜂爪无处支撑，若依然先备食产卵，壁蜂只能左右空忙。正因为如此，储存食品前需要先筑起一堵留有供货通道的墙。较宽的空间里，消耗比较窄的空间大一些。首先是材料，因为芦竹管的截面大了；其次是时间，因为尽管出入口小洞制作精良，但不等它干透变硬就难以利用。所以，吝惜时间与体力的壁蜂，是在找不到小号芦竹时才选用中号芦竹的。

只有境况严峻时，壁蜂才会接受大号芦竹。至于境况如何严峻，一时还难说清。也许是产卵迫在眉睫，附近却再无别的隐身之处，它才会下定决心使用这类宽敞的居所。我这圆柱体组合蜂箱中，住进小号、中号圆柱体的壁蜂数量与我所预想的相符，入住大号圆柱体的最多才五六只，尽管我事先已经用各种材料精心装饰过这些芦竹管。

壁蜂不喜欢粗圆柱体，自然有其道理。事实上，在粗芦竹管内施工，工期更长，消耗更大。查看一下大号芦竹管里的蜂房，就会相信这一点。大号芦竹管里的，不是由道道横断泥墙连续分隔而成的直串结构蜂房，而是铺摊与叠加并举而堆挤在一起的蜂房。蜂室都是粗糙的多面体结构，互相挤靠着，透现着一种本想逐层叠建但却未能如愿的心迹。

匀称布局所必备的规格一致的小拱顶跨度不存在，现实的内径跨度已超出建筑者力所能及的范围。建筑物外观不美，工程成本更不能令人满意。小号、中号管腔内那些建筑，大部分围墙由内壁充当，壁蜂的工作仅限于构筑每间蜂室的一道隔墙。大号芦竹只有最里面一堵内壁可用做现成的基础墙，除此之外的一切都要靠壁蜂建造。地板，天花板，多面体蜂室各面的墙，这一切都用泥浆筑成，其材料消耗之多，几乎赶上了石蜂和长腹蜂的蜂房。

此外，蜂房整体形状不规则，构筑过程的难度想必相应增加。正在建造中的蜂房，其凸角要与已经建成的相邻蜂房的凹角基本吻合才行。壁蜂砌这样的墙，延伸线须略带弯曲，水平线须稍呈倾斜；况且，相邻蜂室的各个接合面规格不一，相互交错，每个房间都要重新设计。这种建筑非常复杂，和那些由尺寸一成不变的系列圆隔墙构成的建筑大不一样。

寄居土壁的条蜂证实，所有掘土昆虫都存在节俭的倾向。断墙条蜂、面具条蜂和低鸣条蜂的洞口随处可见，它们是在土壁上掘出通向蜂房的狭长通道。这些运送食物的通道一年四季洞开着。春天到来，初生的条蜂可以用它们作居室，只要它们能在这吸足太阳热量的黏土空穴中不被烘干。新生条蜂会根据自己的需要，使通道继续延伸，并开掘更多的分支。旧巢逐渐变成到处都是迷宫的土质建筑，结构已经像块巨大的海绵，牢固性大减，十分危险。只有到了这种地步，条蜂才下决心花些力气，到土质全新的地方去另掘通道。

现在，话题转到另一门类的动物上，作为这篇文章介绍性部分的结尾内容。既然我们提到过麻雀，那么也向它请教一下筑巢本领吧。最初的雀巢架在几根树枝间，是用麦秸、枯叶和羽毛搭建的大圆包。这样做虽然费材料，然而在尚无可赖以遮身护体的墙洞、瓦片的岁月，费材料也是可行的。什么原因促使它放弃了球形鸟巢呢？壁蜂放弃需要耗费更多黏土和体力的螺旋形蜗牛壳，选择经济实惠的芦竹。粗略考察，正是基于促使壁蜂这样去做的相同理由，麻雀作出自己的选择。择墙洞而居，免去了麻雀一大半的工作。它不再需要遮雨的巢顶和厚厚的挡风内壁，一块卧垫足矣，其余所有的必备条件都由墙洞提供了。能节省如此可观的精力物力，麻雀和壁蜂一样，对此不会无动于衷。

然而这并不意味着原始技艺已经灭绝，已经被彻底遗忘。作为物种不可磨灭的特征，原始技艺在一旦迫切需要的关头，仍能刹那间显现出来。今天的一窝窝雏鸟，具备和从前的雏鸟一样的技艺天赋，它们不用学习，不用模仿，生来就拥有祖先们筑巢的本领。这种本领潜藏在它们体内，必要时，紧急情况会将这种潜能激发出来，使之从无作为状态一下子变得有作为。看那对麻雀，它们离开屋顶，飞到梧桐树上筑起了巢。麻雀正向我们证实上述观点的正确性。当然，即使麻雀仍偶尔会筑起球形鸟巢，也并非是有些人所称的"进步"；相反这是一种倒退，是重操以繁重劳动为代价的旧习。麻雀这么做，与壁蜂找不到芦竹时只好住进蜗牛壳没什么两样。尽管蜗牛壳内筑巢艰难，但蜗牛壳却比比皆是。谋芦竹管与墙洞而居，此乃进步；得螺旋壳、造球形巢安身，此为原始。

我想，有这些对类似事实所作的总结，证据已经足够。动物的筑巢技艺，表现出了这样一种倾向：花费最少的力气，完成必要的工作。昆虫以它自己的方式向我们证实了节约体能的倾向。一方面，本能要求虫类必须保持筑巢技艺这一基本特征；另一方面，虫类在具体环境中拥有某种行动自由，为的是利用有利条件，花最少的时间、物质和精力，即可达到自己的目的。时间、物质、精力，这三点其实就是机械工作三要素。至于家蜂能否解决高等几何问题一事，也不过是"力求节约"这统治整个动物界的普遍法则的一个突出实例而已。蜜蜂利用最少的蜡，围出蜂房的最大容积，而且还身怀绝技；无独有偶，壁蜂和尽量少的泥浆，便在芦竹管内造出尽量多的蜂房。泥匠与蜡匠，二者怀着同一倾向：节约。

[原著第 4 卷《节约体能》一文节译]

隧　　蜂

 SUIFENG

你知道隧蜂吗？大概不知道。但这算不上多大苦恼：对隧蜂一无所知，照样可以品尝人生的某些甜蜜滋味。在我们坚持不懈的询问下，这些没有历史的卑微者会讲述出十分奇特的事情。况且，这世界之嘈杂拥挤令人忧虑，如果我们想对这种现象增加些真知灼见，那就绝对不可小看和隧蜂经常打打交道的意义。既然我们现在有空儿，那么就来看看隧蜂吧。此事值得一做。

怎样识别隧蜂？隧蜂这飞天工匠，体型一般比较纤细，比我们箱养的蜜蜂更显修长。它们组成成员众多的共同集团，但又依身材、颜色分成繁多的品种。各种隧蜂中，有的比胡蜂还大，也有的个头儿像家蝇，还有的甚至比家蝇都小。经验不足的人，会因为隧蜂品种繁多而颇感茫然难辨；殊不知，它们具备一个经久不变的特征。所有隧蜂，均持有清晰可辨的同业公会证明。

请看腹部背面那最后一道腹环。如果你捉到的是只隧蜂，其末端腹环就有一道平滑光亮的细沟。处于平静防御状态的隧蜂，螯针会顺着细沟做下滑上缩动作。这道被人忽略的武器滑槽，已经证明这蜜蜂就是隧蜂族群中的一员，无须再辨别体色和体型。有针管昆虫系属中，隧蜂以外的其他蜂族均不使用这道细沟。这是个明显标记，是隧蜂家族的徽章。

四月里，工程秘密上马，惟有那些新鲜泥土隆起的小山包，在偷偷泄露天机。地面上，看不见任何活动。工匠们极少露面，它们钻在深深的井底，工作

是那样的繁忙。偶尔，不定在哪儿，一座小土丘的顶端晃动几下，随后便顺着那圆锥体的坡面塌滑下去：这是一位劳作者。它正在把清理的杂物抱上来，头朝下向后推出去，可它还是没有露面。这时节，别的事情都不做。

　　快乐的五月来到了，处处是鲜花和阳光。四月里的掘土工，此时转而干起了收获工。无论什么时候，在那些开出天窗的小土丘顶上，我都看得见它们，一个个浑身上下沾满鲜黄的花粉。个头儿最大的是斑纹蜂，常看到它们在我的花园小径上营造宅穴。让我们靠近些观察它。储备食品的工作这才开始，却不知从哪儿突然光临了一位食客，它将让我们目睹一场贪得无厌的巧取豪夺。

　　五月份的上午十点钟左右，正当食品储运工作干得热火朝天之时，我就去察访我那座居民人口极为稠密的昆虫小镇。我顶着日头，坐在小椅子上，弓着腰背，两臂支在膝头，一动不动地一直观看到吃午饭。一位食客引起我的注意，那是种名不见经传的小飞蝇，可却是隧蜂的无耻暴君。

　　这无赖有没有名字呢？我想应该是有的，只是我不想花费过多时间，谈那些对读者无甚裨益的情况。讲清事实，这比提供昆虫分类词典那种乏味细节更合读者口味。这里简明交待一下罪犯的体貌特征就足够了。这是一种身长五毫米的双翅目昆虫。它眼睛暗红，面色苍白；深灰的胸廓上生着五行小黑点，黑点上长着向后倾斜的纤毛；腹部是浅灰色的，朝下的一面发白；足爪则全是黑的。

　　在我观察的蜂群中，它出现的次数很多。阳光之下，它蜷缩在一个地穴附近，静静地等候着。隧蜂觅食归来，爪上沾满黄粉。它

的身影刚一出现，红眼白脸的食客便冲上前去，尾随追踪，紧跟不舍，上下左右悠荡着，蹿跃着，兜着圈儿来回飞行。最后，那膜翅昆虫突然钻进自己家里；这双翅目食客也疾速俯冲，落在小土丘上，就守在洞口旁。它一动不动地趴在那里，脑袋朝着隧蜂的家门，只等那酿蜜的蜂子把活儿干完再说。隧蜂终于又露面了，头和胸探出洞口，在门槛上稍停片刻。飞蝇趴在旁边，仍然一动不动。

时常出现这样的情形，隧蜂和飞蝇面对面站着，间隔还不到一指宽，双方都没有惊异的神色。凭那平静的态度可以断言，隧蜂对窥伺自己的食客未存戒心；因此，凑在眼前的食客，也丝毫不怕自己的冒犯行为会受到惩罚。面对抬抬爪子就能踩扁它的庞然大物，这小矮子表现得沉着冷静。

我很想看看，双方中究竟哪一方会示弱。但始终未能如愿：没有任何迹象表明，隧蜂知道自己面临着被打家劫舍的危险；也毫无事实表明，小飞蝇对严惩不贷之事心怀恐惧。这劫的和遭劫的，双方只是互相打量一会儿罢了。

巨虫宽宏大量，但只要它想那么做，就可以用利爪划破前来糟践家舍的小强盗，可以用大颚轧碎它，用螯针刺穿它。然而，巨虫根本没有这样做，却听任近在眼前的无赖安然无恙地待在那里，一双红眼睛瞄着宅穴大门。真不知隧蜂为何采取这般愚蠢的宽容态度。

隧蜂飞走了。飞蝇马上钻进蜂穴，如同钻进自己家一样无拘无束。现在，它从各个食品储藏室里随心所欲地选用美味，所有储藏室都没有加封；与此同时，它还忙里偷闲，建立了自己的产卵室。直至隧蜂返回之前，不会有谁打扰它。要让爪子上沾满花粉，嗉囊里填足糖液，这可得花些时辰呢；正好，侵宅犯要干坏事，也需要充足的时间。这罪犯的计时器非常精密，可以精确地显示出隧蜂离家在外的时间。待隧蜂再度归来，飞蝇已经溜走。它溜到离洞穴不远的地方，选一处有利位置，开始窥伺干下一次卑鄙勾当的机会。

假如食客正在干事的时候，隧蜂突然出现，那会形成什么局面呢？即使如此，问题也并不严重。我见过一些胆大的飞蝇，它们跟着隧蜂一道钻入洞穴深处。趁隧蜂在那里调制花粉、蜜糖混合饮料的当儿，飞蝇在一旁小憩片刻。收获者正在揉和甜面团，处于这道工序的食品，飞蝇尚不能享用。于是，它又自由自在地钻出洞口，站在门槛上，等着隧蜂出来。飞蝇爬上来晒太阳，毫无惊恐神色，而且步态平稳，这清楚地说明，它们在隧蜂工作的洞穴深处并未受到虐待。

假如小飞蝇跃跃欲试，急不可耐地围着糕点转，也许后脖子上会挨一巴掌；但食品所有者驱赶讨厌鬼时，所能做出的举动不过如此。盗贼与被盗者之间，不会发生任何叫骂殴斗。关于这一点，只要看看从巨虫忙碌着的洞底爬上来的小矮子，看看它那稳健的步态，那副完好无损的模样，你就会认同的。

蜜蜂归来，无论携带食物与否，都要犹豫一段时间。它疾速兜着圈子前后飞动，贴近地皮来回滑行。看到这紊乱的蹿跃式飞行，我立即产生一个想法：膜翅目昆虫是在试图借错综复杂、进退往返的交织飞行路线，甩掉追逼自己的敌人。依其产生的效果而论，它这样飞行的确是一种谨慎措施；但实际上，它恐怕并不具备这么高的智慧。

它其实并不是在顾虑敌人，而是在寻找自己的宅穴时遇到了困难。许许多多的小土丘，交错重叠地连成一片；昆虫小镇上的窄街狭巷，彼此杂乱穿插；况且，由于不断有新清理出的废料脏物倾倒成堆，小镇的面目一日一变。很明显，它所表露的是一种踌躇心态。它的确经常认错家门，一头扎到了别人的大门口。当然，洞门口的细微景观，会使它觉察到自己的失误。

于是，它再做一番侦察，仍旧荡秋千似的画着曲线，蹿跃式飞行，偶尔悬定在一个点上，随后又突然起动，向远处飞去。终于，自己的住宅找到了。它带着狂喜，一头扎进洞穴。不管隧蜂何等迅速地消逝于地面之下，那飞蝇是神气十足地守在大门旁的。它把脑袋扭向洞口，直等到蜜蜂出来后，就又该它进去造访蜜罐了。

主人钻出来了，食客稍退几步，让出刚好能自由通行的过道，仅此而已。倒也是，它凭什么要自己惊动自己呢？二者相遇，如此太平，如果不另外给你提示，你绝对看不出是歼击对象与歼击者面对面站在一起。隧蜂忽然出现，飞蝇毫不惊慌，只是稍加留意而已。隧蜂亦然，只要强盗不尾随它，不在飞行中纠缠它，它根本不知道这眼前的就是它的迫害者。这时候，只见那膜翅昆虫突

然一个急转弯，远远地飞走了。

隧蜂的食客要吃上美味，也不是那么容易的。隧蜂回家时，嗉囊里盛着吸吮来的甜汁，主要肢爪上沾着采集到的花粉，但甜汁是强盗无法接触到的，花粉又是没有定型的松散粉末。更何况，一次带回的材料，远远不够制作甜食用的。为收集揉制圆面包的材料，隧蜂必须反复出游。待必备的材料齐全够用了，隧蜂便用大颚硬尖掺和它们，再用爪子把和好的软面做成小丸。如果小飞蝇把卵产在这些材料里，那么经隧蜂如此这般一番折腾，虫卵的命运想必凶多吉少。

为此，蜜蜂的异类是在面包做成后，再把卵产在上面。但由于食品制作是在地下进行，食客显然必须潜入隧蜂家中才行。飞蝇胆量非凡，果真钻进洞去，甚至不怕那蜜蜂仍在洞中。要么是出于怯懦，要么是出于愚蠢的宽容，被剥夺者竟听任剥夺者行事。

飞蝇耐心窥伺，贸然侵宅，其目的并不在于靠收获者养活，它自己的大颚也很有本事，可以毫不费力地从花朵里获取吃的东西。它在隧蜂的酒窖里，只是有节制地尝尝酿制品的品质罢了。我想，它允许自己做的，不过如此而已。它的目的实际上是建立自己的家庭，正可谓悠悠万事，惟此为大。它窃取财富，为的不是自己，而是自己的儿子们。

我们把花粉面包挖出来。结果，最常见到的情况是，小面包被不加珍惜地糟蹋成碎末，白白浪费掉了。小储藏室的地板上，撒满黄色粉末，粉末里有两三条尖嘴蛆虫在蠕动。蛆虫是那双翅目昆虫的后代。时而可以发现，与蛆虫同在的还有真正的主人，也就是隧蜂的幼虫，它们由于吃不饱，长得瘦弱不堪。蛆虫和它们共享甜食，虽说不粗暴虐待它们，但是却与它们争夺优质食料。悲惨的挨饿者，健康每况愈下，枯瘪皱缩，很快不见了身影。它们那变成微小颗粒的尸体，混在余下的食料当中，化作蛆虫的又一口美味。

宅穴里惨遭劫难，可隧蜂母亲这段时间里干什么去了？它随时都有空儿来照看一下虫宝宝。多了不用，只要把头往洞口窄道里一探，就会及时发现幼虫的惨状。圆面包糟蹋了一地，害虫贼头攒动地乱作一团，只要随便扫上一眼就知道是出事了。它不钳住蛆虫的肚皮把它们抓起来才怪！然后再用大颚把它们咬碎，抛到门口去。这点儿事情，只消片刻它就可以办到。然而，傻母亲根本没想到这样做，却容忍叫自己孩子挨饿的家伙过太平日子。

隧蜂母亲还有更愚蠢的事呢。化蛹期开始后，它用泥盖把被食客洗劫一空的隔室封堵起来，而且像封堵其他隔室一样认真。最后设这样一道拦堵屏障，对于置身室内度过变形期的隧蜂幼虫，当然是一项绝好的防护措施。然而，把它堵在已被双翅目昆虫幼虫光顾过的隔室口上，则成了十足的荒唐举动。明明是徒劳无功之举，本能却仍叫母亲义无反顾地去做，其结果是把封条贴在了空房间的门上。为什么说是空房间？

因为狡猾的蛆虫在食品吃光后，就要赶忙抽身溜走，仿佛已经预见到，隧蜂将设置一道日后叫飞蝇无法逾越的障碍。为此，正好在封门之前，这双翅目虫类已经离开了隔室。

食客不仅具有无赖的刁滑，而且行事小心谨慎。尽管洞底有那么多现成的黏土隔室，但所有蛆虫食客最后都要弃之不用，因为一旦隔室的窄口遭堵，那里就是自己的葬身之地。黏土质的小卧室内壁上，有波纹状的防水涂层，可防止返潮；感觉细腻而丰富的飞蝇幼虫表皮，在里面会感觉柔和舒适。照理说，这似乎应该是环境优越的蜕变期居室，但蛆虫却并不喜欢这里。它们惟恐刚变成飞蝇后体格尚未强壮，只能惨遭囚禁，因此一一爬出小卧室，分布在洞内升降井的附近。

我挖到的飞蝇蛹，从来不在小隔室内，而是在小隔室外。它们一只挨一只地挤在黏土里，那里有一个狭窄的土窝，是它们身为蛆虫，乔迁至此时营造的。来年春天，出土期一到，成虫只需穿过塌陷的碎土，就能钻出地面，所以出土之事并不难。

食客一定要迁居一次，还因为它必须服从另一种客观要求。当年七月，隧蜂生育第二代幼虫。每年产一次卵的双翅目昆虫，七月份其后代尚处于虫蛹状态，只能在第二年开始后才变为成虫。采蜜娘七月正好在小镇故里重操旧业，它直接利用春天建造的竖井和隔室，真不知节省了多少时间！昔日倾注了大量心血的旧建筑，此时仍基本完好，只需稍事修葺，就可重新使用。

如果天生就爱干净的蜜蜂，打扫住宅时遇到一只蝇蛹，那该如何是好呢？它也许会把这碍事的玩艺儿当作建筑废料。它看到这废弃物后，用大颚钳起来，也许这一下就会把蛹壳钳碎。接着，它把这玩艺儿搬到洞外，和废料杂物堆放在一起。移出土壤的蛹，暴露在变化无常的气候之下，只能是在劫难逃，死路一条。

我真佩服蛆虫明智的预见力，居然能抛开一时财富之得，谋求确保安全的长远之计。蛆虫面临两种危险：一是被囚禁于闷匣之中，最后成虫飞蝇不得出世；二是在蜜蜂修整、打扫宅穴时，被抛出洞外，遭受外界气候折磨而丧生。为免遭这双重灾祸，蛆虫赶在封堵隔室和清理宅穴之前，就抽身迁居了。

我们再看看食客后来如何了。整个六月，在隧蜂闲歇下来的日子里，我在我那昆虫势力极大的小镇上，展开了全面搜索，那里有五十来个隧蜂洞。发生在地下的不幸，全部被我们看到了。我们是四个人一起，用手指缝筛检从洞穴里挖出来的土。头一个人筛检一遍，第二个人再筛检一遍，接下去是第三个人，然后是第四个人。筛检记录上的结果，实在令人痛心。我们始终未能发现隧蜂的虫蛹，一只也没有。原本是人口稠密的街区，居民竟已全部死亡，顶替它们的是双翅目昆虫。蛹态双翅目昆虫之多，比比皆是。我把这些蛹收集起来，准备观察它们的演变过程。

双翅目昆虫的生活年度进入尾声，最初的蛆虫已经在蛹壳里收缩变硬，一个个圆鼓鼓的小筒子,保持着静止不动的状态。这都是具备潜在生命力的种子。七月的烈焰不会把它们从沉睡中烤醒:这个月正是隧蜂生育第二代幼虫的月份。上帝似乎发出了本月休战的圣谕:食客停止活动,蜜蜂和平劳动。假如再接连出现敌视行动,致使夏季也发生春季那样的惨重伤亡,那么,一向妥协有余的隧蜂,大概就要绝种了。第二代隧蜂幼虫过上一段太平日子,事物也就恢复了秩序。

每年四月,正当斑纹蜂悠游于围墙内的条条峡谷之间,寻找着理想的造洞地点,食客那里恰好正加紧化蛹成虫的工作。呵! 时间计算得何等精确,追逼者的历法与被追逼者的历法之间,竟如此默契地相互吻合,真令人难以置信! 蜜蜂着手筑穴之时,飞蝇已经准备就绪:以饥饿消灭对方的故伎,马上就要重演。

如果上面讲述的只是某种特殊情况,我们可以不去重视它:多一只少一只隧蜂,对世界的平衡无足轻重。然而太遗憾了! 以各种名目从事掠夺,已经成了芸芸众生之间的既成法则。无论低等生命还是高等生命,凡是生产者,都受到不生产者的剥削。占有特殊地位的人类自身,本来应当超脱这些灾难;却不料在他身上,野兽的贪婪欲望竟表现到了无以复加的地步。他说:"营生嘛,就是图别人的钱。"这话与飞蝇的话如出一辙:"营生嘛,就是图隧蜂的蜜。"为了更有效地掠夺,人创造了战争这种将人们大规模杀死的艺术,还引以为荣地创造了绞刑这种将人们小规模处死的艺术。

我们永远看不到那崇高梦想的实现,那是人们每星期天在乡村小教堂里唱诵着的崇高梦想:Gloria in excelsis Deo, et pax in terra hominibus bonae voluntatis! [①]如果战争只是人类自己的事,那么,未来也许还能为我们保存住

---

① 此为祈祷时的拉丁语。大意是:荣誉归于高高在上的上帝,和平归于下界凡人的善良心地。

和平，因为有那些慷慨豁达的心灵在为此工作。可是这祸水却也侵蚀到冥顽不化的虫类，而它们是永远都听不进道理的。邪恶只要一蔓延成大势，就可能变成不治之症。瞻望未来生活，叫人不寒而栗。那生活将仍然是今天的样子，即一场永不停歇的屠杀。

于是，怀着绝望中的一线希望，人们不遗余力地调动想象，为自己塑造了一个能把宇宙星辰当球耍的巨人形象。这巨人是不可抗拒的力量；他是正义和权利。他知道我们在作战，我们在杀戮，我们被烽火硝烟所笼罩，我们中的野蛮人正赢得胜利；他知道我们有炸药，有炮弹，有鱼雷艇，有装甲舰，有各种各样神通广大、致人死命的武器；他同样清楚，哪怕是最小的上帝造物，都存在因贪欲而引起的残酷竞争。那么好了！这正义者，强大者，当着他用拇指按住地球的时候，肯定要毫不留情地把它碾碎！

他完全可能把地球……然而，他毕竟会让一切事物顺其自然地发展。他会这样说："古代的信仰确有道理；地球正是个生虫的核桃，已经被'邪恶'这蛀虫啃咬。它是个野蛮的粗坯，正处在向温文尔雅过渡的艰难阶段。随它去吧：秩序和正义在一切过去之后。"

[原著第 8 卷《隧蜂》一文全译]

天牛吃路

天色灰蒙蒙的，冬天即将来临。我着手收集树杈和树节子，储备取暖用柴。一项很有意义的消遣活动，给这段时间单调的日常生活增添了少许乐趣。我向伐木人紧急订购一批专用木材，要求他把那些蛀满虫洞的老朽树段锯下来给我。见主顾有这种兴趣，他当然喜出望外。然而令其不解的是，为什么我会有怪念头，放着燃烧性能好的优质木材不要，却偏偏索购生虫子的木头，也就是他说的"糟木"。我自然有我的想法。经我一讲，这正直无邪的人积极性倍增，立刻照我的吩咐去做了。

现在，趁我们两人都在场，我们开始观察我心爱的橡木段。那木头浑身疤条累累，道道创伤深至腹腔，伤口里淌着棕褐色的泪水，散发着一股皮革厂的气味。树节子响着敲击声，树杈响着啃咬声，树干发出破裂声。木头的腰间藏着什么东西？唔，藏着的是我真正的研究财富。种种有能力越冬的昆虫，已经在木头的干燥空洞部分，分为不同小组，找到各自的冬季宿营地：嚼出叶泥揉面团的壁蜂们，在吉丁虫修造的扁坑道里筑满了小隔室；切叶蜂们在别人不用的空室和门厅里，堆放了树叶袋。可天牛幼虫们，却在树汁尚足的新鲜木质当中安顿下来。天牛正是毁灭橡树的主犯。

天牛属于高级机体组织昆虫，相形之下，其幼虫却形同离奇的造物，简直就是一小段一小段爬行着的肠子！眼下是一年的中秋时节，我看到木头里有两个龄期的天牛幼虫，那些年龄大的有手指粗，年龄小的差不多只有铅笔细。此外，我还看到有些颜色深浅不一的蛹；甚至还有鼓着肚皮的成虫。成虫们将于

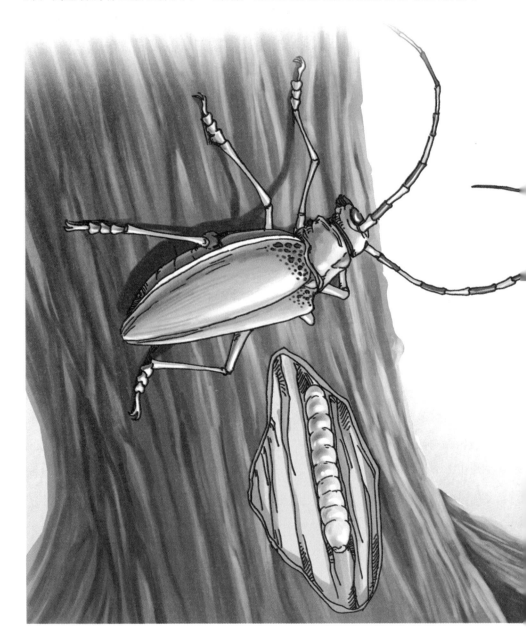

来年天气渐热的季节，从树干里钻出来。由此可见，天牛在树中要生活三年。如此漫长的幽禁生活怎么度过呢？长年累月，它们在厚实的橡木中懒洋洋地游荡，没完没了地铺路，随时随地用作业面上清理出的杂物充饥。约伯的马^①，靠了擅长辞令的嘴侵吞土地；而天牛的幼虫，却不折不扣是在用嘴吃自己的路。它生着一副黑短粗实的大颚，这口器不带细齿，酷似周边锋利的勺子，正好是一把木工的半圆凿。它操着这把凿子，在通道的作业面上开掘。凿下来的碎渣，被它吃进嘴里。每一口木渣经过肠胃时，都留下极其有限的一点儿汁液，随后便成为蛀屑，堆弃在身后。施工现场上的废料残物，穿过工人的身体清理到一旁，工地上留不下任何障碍物。这是一项同时解决营养问题和行路问题的工程，道路随铺随吃，进路既通则退路即堵。不仅仅天牛如此，所有蛀木求食、钻木谋居的虫类，都是这样实地操作的。

[原著第4卷《天牛》一文节译]

---

① 约伯的马：约伯，圣经中的人物。面对贫困的命运，他不是乞求拯救，而是靠自己的智慧改变现状，最后成为富翁。在他的奋斗过程中，他的马曾以特有的聪明，帮助他多次获得成功。

萤火虫备餐

YINGHUOCHONGBEICAN

如果蜗牛在地上爬行，甚至就龟缩在那里，萤火虫向它发起攻击是件轻而易举的事。因为，此时蜗牛外壳没有牢靠的封盖，而且隐居者的前端有一大部分都暴露着。纵使它居安思危，硬皮外套裹得紧紧的，防护衣的领口一带也是无法设防的，软体非常容易在这一部分受到攻击。不过，许多情况下，蜗牛不是在地上，而是在远离地面的高处，要么是粘在一株禾本植物茎秆上，要么是粘在一块石头的光滑表面上。此时此刻，它所栖身的物体起到了临时封盖的作用，按理说险恶萤虫要加害于它，只能是痴心妄想。然而，幽室蛰居者要做到幸免于难这一步，必须具备不折不扣的前提条件，那就是，其螺旋护墙的墙根一圈没有任何开着口的地方。如果不是这样，而是像经常看见的情形那样，蜗牛壳没有严严实实地附着在栖身物体上，壳口某一点上露出缝隙，那么，即使空隙再小，也足够萤火虫钻空子了。萤火虫那纤细灵巧的工具插进去轻轻一咬，蜗牛当即陷入麻木僵滞状态，于是为食蜗牛者不声不响悄悄下手提供了便利条件。

事实上，萤火虫操作起来总是极其谨慎的。攻击者必须以轻柔的动作处理自己得到的牺牲品，不能使对方有丝毫挛缩反应。蜗牛只要做出收缩动作，就会与粘附着的物体脱胶，这样一来，起码就会从自己酣睡于其上的植物茎高处掉下去。猎物一旦落到地上，也就成了萤火虫得而复失之物，因为它没有耐心搜寻猎物的兴致。它凭的是福气，获得的是巧遇的野味。可以这样说，在发动攻击之际，高挂在植物茎秆上，仅仅靠一层胶皮粘附着的那个螺壳，平衡切不可受到任何破坏。进犯者必须慎而又慎地工作，不引起对方的丝毫疼痛感和惊恐感，否则，对方肌肉作出反应的话，猎物就会掉下去，到手的野味也就得不到了。我们看得很清楚，能使萤火虫达到目的的绝好方法，就是在瞬息间实施深度麻醉。萤火虫这样做的目的，就是要在非常平静的状态下享用自己的猎物。

它用什么方法来享用猎物呢？它是不是吃它？也就是说，它是不是先把蜗牛化整为零，切成小碎块儿，然后用一种咀嚼器把它磨烂？我觉得不是这样。我捉到的萤火虫，嘴上从来没见过有固体食物的痕迹。萤火虫的"吃"，不是严格字面意义上所说的吃，它是吞饮。它用和蛆相似的方法，将猎物变成清汤，然后再吃进肚里。和双翅昆虫那爱吃肉的幼虫一样，萤火虫也擅长先消化、后进食的吃法。食用猎物肉之前，先对肉质施行液化处理。下面我们来看看事情经过是怎样的。

一只蜗牛刚刚被萤火虫施行了麻醉。麻醉师几乎总是自己一人单独工作，即使遇到常见蜗牛那样的大家伙，它也是独自单干。没隔多一会儿，宾客接踵而至，两三位，四五位，越来越多。大家来到桌前，与食品的真正主人不发生任何纷争，一起共享筵宴。让它们尽情享乐吧，我们先离开。两天后再回到这里，我们将蜗牛壳口朝下翻过来。这时，壳里的东西就像锅口朝下倒浓汤一样，一股脑儿地流了出来。消费者们吃饱喝足离开这汤罐儿时，里面只剩下没什么吃头儿的残糊剩羹了。

事情很明白，我们开始时已经看见，萤火虫这儿一口，那儿一口，像轻轻弹指一般不断轻咬在蜗牛身上，结果这软体动物的肉质转化成了稀汤；众宾客赶来，不分彼此，共同享用汤食；来者一边往汤中释放某种专门用于消化的蛋白酶，一边一口一口地痛吸着清汤。看到萤火虫采用这种方法将食物事先化成液体，想必它嘴上那两只弯钩是不包保护层的，它用这对钩形器官刺入欺负对象的体内，注入麻醉毒剂，很可能这毒剂就是能使肉质液化的萤火虫体液。这对微型工具在放大镜下能看得一清二楚，我感到它们不像是钩子。它们的中心是空的，和蚁蛉的那对工具很类似；蚁蛉靠那对工具噪吸捕获的野味肉，不必把肉食分解成碎块儿。然而，萤火虫与蚁蛉的表现很不同：蚁蛉吃完后，从沙地的漏斗形陷阱中扔出大量丰盛的食物；而萤火虫这种专门液化装置，一点儿也不糟蹋东西，或者说，几乎没剩下什么原料。

二者掌握着相似的工具，但其中一位只用它吸吮猎物

的血液，而另一位却知道物尽其用，采用的是一种预液化技术。

　　尽管有的时候，由于蜗牛壳所处的位置不佳，要维持其平衡并不容易，但萤火虫的事却依然干得特别利索。喂养着萤火虫的那些大口瓶，让我看到了这样的精彩场面。大口瓶上压盖着一块玻璃，捉来的蜗牛顺着玻璃瓶内壁往上爬，总是爬到瓶口边沿处才停下来，然后用很少一圈黏液将壳体松松地粘挂在那里。它们在那里只是临时逗留，舍不得多用软体组织生产的胶黏剂，所以只需制造轻微震动，蜗牛壳口就会脱离栖息点，蜗牛便跌到瓶底。

　　不断看到瓶中那只萤火虫往高处爬，来到蜗牛的栖息点。它攀登瓶壁时，凭借着的是某种攀缘器，这攀缘器弥补了足爪此时的功能缺陷。萤火虫选中一个对象，仔仔细细地察看着它，找到一处可以下手的缝隙，轻轻咬几下躲在缝隙内的蜗牛，使之失去知觉，紧接着便着手烹调美味汤。此后一连几天，这锅鲜汤就是它的风味餐。

　　当就餐者离开汤锅的时候，蜗牛锅连锅底都空了。然而此时此刻，只用了薄薄一层黏液粘在玻璃上的壳体，依然没有开胶，甚至丝毫没有移位。壳中隐居者没有发出任何抗议，一点儿一点儿地化作了稀汤，全部从萤火虫开始发起攻击的那一个点上流尽了，剩下的只是个空壳。从这些细节中可以看出，置蜗牛于麻醉状态的啄咬攻势何其凌厉。我们还了解到，萤火虫开发利用蜗牛时其手法是多么轻巧，轻巧到没有让蜗牛从垂直光滑的栖息点上跌落，甚至没有使它在附着力极弱的一圈黏液线上产生晃动。

[原著第10卷《萤火虫》一文节译]

坚果象的手钻

JIANGUOXIANG
DESHOUZUAN

　　我们有些机器的部件，看上去很古怪。处在静止状态下，你对它们的作用百思不得其解。然而等机器运转起来，这怪家伙的齿轮铰合转动，联杆开启闭合，我们便看清了设计巧妙的组合机制，而且发现整个系统中的每个部分，都是为实现预定功效而被颇具匠心地安装在各自的位置上。各种象虫具备的，正是这样的机制。这当中，坚果象的情况尤其如此。所谓"坚果象"，顾名思义，就是以开发橡栎子、榛子和诸如此类坚果为业的象虫。

　　在我居住的地区，最引人瞩目的象虫是坚果象。这名字起得真妙！多么能让人产生想象！唔！滑稽的虫类，嘴上还叼着根怪烟斗！烟斗通体棕红，细如马鬃，近似笔直，长长地前探着，足以防止打前失。这工具很绊脚，坚果象非伸直了携带不可，结果就像装备着一根刹车用的尖头戳棍。一根过长的尖头桩，滑稽的长鼻子，它究竟有什么用？

　　我看到，当你提出这个问题时，便有人轻蔑地耸耸肩膀。假如人生的惟一目的果真是不择手段地赚钱，哪怕是见不得人的手段，那么这类问题当然要被当成无稽之谈。

　　好在还有一部分人，在他们看来，各类事物的问题都是严肃大事，绝无微不足道可言。他们知道，思想的面包是用怎样零星琐细的面球球揉制的，而且和五谷杂粮的面包一样不可或缺。他们明白，集耕耘者和提问者于一身的人们，

是用日积月累获得的面包渣供养着世界。

　　让别人把不耻下问看作可怜行为吧，我们继续往下谈。即使你没有看见坚果象操作，也已经在猜想：它那古怪的嘴里伸出的是一把长秆儿钻，作用和我们穿透坚硬物体的各类钻头相似；大颚恰好是一对钻石尖，它们构成钻头尖端的高硬度齿甲；这种象虫的工作条件比菊花象的艰难，它也效法菊花象，利用自己的钻头，开掘安置卵粒时用的通道。

　　这样的分析颇有道理；但猜想毕竟缺乏可靠性。只有亲眼看见坚果象工作，我才能了解清楚这个秘密。

　　机遇是偶然性的；但只要你能沉住气，坚持不懈地恳求，它就会为你效劳。

昆虫记 KUNCHONGJI

十月的上半月，机遇终于照顾到我头上，让我遇到了正在做工的坚果象。但事情又令我格外惊讶，因为此时节气已晚，一般而言，所有技能型工作现在都应该已经做完了。寒潮初袭之日，也是昆虫季节结束之时。

可巧，那一天天气恶劣，刺骨的北风呼啸着，像小刀子一样割裂人们的嘴唇。这种日子里出去察看灌木丛，非得有坚定不移的信念不可。我产生一个念头：象虫会不会正在用长秆儿工具开发橡栎子呀？既然已经想到，那么就该立即去看个究竟才是。颜色依然鲜绿的橡栎子，个头儿已经长足了。再过两三个星期，它们就要变成熟透的褐色坚果。其后不久，便会从树上掉下来。

这趟发了疯似的出巡，竟给我带来了收获。在黑绿的橡树上，我突然发现一只坚果象，前半截长鼻子插进一颗橡栎子。观察它，必须做到细致入微，可是干冷的北风猛烈地刮，橡树摇摆得厉害，观察难以进行。我折下细枝，轻轻平放在地上，那虫子没有因地点变更而产生警觉，依然干着它的活儿。我跪在它旁边，借着矮树丛遮挡大风，目不转睛地盯着它工作。

坚果象的脚上，蹬着带黏性的击剑鞋。后来，在我的设施里，它们兴冲冲地在光滑的玻璃壁板上垂直攀登，靠的正是这种鞋。此时此刻，坚果象正牢牢站在溜光倾斜的拱形表面上，操作着自己的手摇钻。它绕着细长的尖头桩移动步伐，显得笨手笨脚。它以钻尖为中心，先顺一个方向绕上半圈，然后再顺相反方向绕回半圈。就这样，一口气来回绕了许多个半圈。我们握着简易钻在木头上钻孔，手腕来回旋动；坚果象钻孔的方式，和我们如出一辙。

[原著第7卷《坚果象》一文节译]

岩石片史书中的象虫

YANSHIPIANSHISHU
ZHONGDEXIANGCHONG

阿普特附近，到处能看见已经风化成页片的奇异岩石。岩石片的样子，有点儿像发白的薄纸板。这是一种可燃性物质，燃烧时冒黑烟，吐火苗，散发出沥青的气味。这是一种沉积在大水域湖泊底下的物质，那里当初是鳄鱼、巨龟出没的地方。人们从来没有亲眼看见过这些大湖，湖盆早已被隆起的丘陵取代，烂泥早已静静地积压成薄地层，而那些沉积物质则已变成露出水面的坚硬礁石。

让我们从礁岩上分离出一块石板，再用刀尖把它分割成小片。这项工作不难做，就和一层层分离重叠为一体的字板一样。我们这是在查阅从山石自然图书馆取出的一册文献，是在浏览插图精美的一本图书。

这是大自然的一部手稿，比古埃及的纸莎草纸书更有趣，几乎每一页都带插图。其尤为绝妙之处在于，图像是由实物转变而成的。

第一页展现出的，是几条随意摆凑到一起的鱼。这些鱼仿佛用石油煎炸过，鱼刺、鱼鳍、脊椎链、鱼头小骨，还有变成黑晶状小球的眼睛，总之，一切都保持着自然形态。所缺的只有一种东西，那就是鱼肉。

这无关紧要。眼前这盘炸鮈鱼，外观多漂亮，你简直想用手指去触摸触摸，再尝一口这筒保存了几千年的罐头。让我们调动起奇思妙想，然后取一块用石油味矿物油炸的鱼，咬在牙齿间品味吧。

书中插图的四周，没有任何形式的注释。思索，代替注释。思索告诉我们："当初有大量的这种鱼，成群成群地生活在那片平静的水域。江河突然上涨，滚滚洪流裹着河泥涌入，大湖中的清水变成混浊的稠泥汤，鱼类全部窒息死亡。紧接着，咽气的鱼被迅速沉淀的泥沙掩埋在湖底。如此这般，它们日后反而逃脱了风、雨等摧毁性气候因素的损蚀。它们已经跨越了时间；它们还将护在裹尸布下，无限期地穿越时间隧道。"

迅猛上涨的河水，既带来附近被雨水冲刷的泥土，也带来大批植物或动物的碎段残骸，湖泊的沉积层也因此而能够向我们讲述陆地上的事情。这是一部有关那一地带生命的汇编。

让我们再翻开我们的石板，恰当些说是翻开我们画册的一页。哦，这一页有带翅膀的种子，有褐色印痕样的树叶。岩石植物集的清晰度，绝不亚于专业植物集。

岩石植物集向我们再一次陈述的，正是贝壳们已经让我们有所了解的情况：世界在变化，太阳在衰竭；普罗旺斯现有的植物不是从前的植物。是的，普罗旺斯不再有棕榈科植物，不再有散发着樟脑味的月桂，也不再有叶如羽饰的南洋杉，以及很多其他种类的乔木、灌木。这类乔木和灌木，本应生长在气候炎热地区。

我们继续翻阅。这一页是昆虫。数量最多的是双翅目昆虫。它们个头儿不大，基本上都是微不足道的小飞虫。其中还有大角鲨牙齿，擦去粗糙的石灰质外表，齿骨依然质感细滑，令我好不惊讶。安放在泥灰岩圣骨箱里的小飞虫，丝毫没有残缺。关于这些完整无损的脆弱飞虫，应该说些什么呢？这些我们用手指轻轻一捏便粉碎无疑的娇嫩动物，置身于重山重压之下竟依然形态如初。

六只纤细的肢爪平铺在石板上，造型和位置都十分规整。这姿势证明小虫正在休憩。若此时它稍微动一动，肢爪肯定会脱节。小飞虫什么都不缺，甚至连指尖的一对爪钩也不缺。不必用大头钉固定，就可以直接端起放大镜观察这只双翅目昆虫：翅膀上，纹理纤细的翅脉网清晰可见；插成一对羽饰的触角，完全保持着特有的精巧和神气；排列在各条腹节上的细微颗粒，连数目都辨得清，这些微粒就是昆虫的纤毛。

乳齿象的骨骼能在沙质河床上经受住时间的侵蚀，想来已够我惊讶。一只娇小嫩弱的飞虫在厚岩层中居然完整保存了下来，眼前这一幕让我感到更为惊讶。

这种蚊虫当然不是从远方飞来的，而是被上涨的河水卷到了这里。它到达此地之前，已是随时准备彻底消失之物，一条喧嚣着的细流本来早该叫它化为乌有了。它的一生是在小河边上了结的。一个上午的快感便要了它的性命。度过一上午时间，这小飞虫已算高龄了。它从那根灯芯草上失足跌下，落入小河。

这之后，溺水者又葬身于满是淤泥的地下坟墓。

旁边这些虫子，短粗矮胖，一副坚硬的弓背鞘翅，其数量仅次于双翅昆虫。它们又是什么虫呢？它那由窄而宽的长喇叭头形已清楚地告诉我们，它们是长鼻鞘翅昆虫，一种有吻类昆虫。换个不那么俗气的称法，这就是象虫。它们当中，个体发育分小、中、大三等，个头儿与它们今天的同类相同。

它们待在泥灰质石片上的姿势，没有蚊子那么端正。肢爪，都随便乱放着；长嘴，有的藏在胸下，有的探向前方，有的指着一侧，有的穿过一绺浓密的颈毛向斜后插出。做出这后一种姿态的数量较多。

这些肢体残缺、形象扭曲的象虫，没能像双翅目昆虫那样被突然而平静地埋葬。岩石书中的象虫，属于终生不离海岸植物的虫种不止一种。然而，占大多数的象虫都属于相邻地区的虫种，是被雨水冲刷到这里来的。发威的雨水，逼着它们强行穿过枝杈密集、乱石丛生的障碍，挤压、碰撞、钩绊之下关节已经变形。虽说坚固盔甲保住了身体完整，但它们六肢的微型关节已经扭曲，或者开裂。溺水身亡者被淤泥裹尸布殓收时的那副模样，正是落水前昏天黑地的一路跌撞所摧残的。

那些异地象虫或许来自远方，但毕竟也为我们提供着宝贵资料。它们告诉我们，如果说湖畔昆虫序列的主要代表是蚊子，那么，树林昆虫序列的主要代表就是象虫。

有吻管类昆虫介绍完毕，我的阿普特岩石书页确实再没有展示出什么来，特别是没有提及一系列的鞘翅目昆虫，比如步甲、食粪虫、天牛，等等。这类陆地昆虫种群在哪里？雨水冲刷万物之时，会不会恰巧也把它们像象虫那样带入湖中？这些今日昆虫旺族的往昔岁月，没有留下任何痕迹。

还有水龟虫、豉甲和龙虱们，这些水中居民在哪里？说到这些湖沼昆虫，我想，当人们发现它们的时候，它们很可能已经变成加在两层泥灰岩间的木乃伊。如果当时确有这些虫子，那它们肯定就生活在湖泊里。湖底烂泥把这些动物连同触角一起保存下来，而且保存得比小鱼，甚至比双翅目昆虫还要完整。还有一类是鞘翅目昆虫，也没有留下任何痕迹。这些生活于荆棘丛、野草地和虫蛀树干间的昆虫，在地质圣骨箱里没有找到，那么它们又在哪里？它们当中有钻木昆虫天牛，嗜粪昆虫金龟子，以及擅长将猎物剖腹的昆虫步甲。不错，它们所属的都是处于形态变化过程之中的虫种，那个时代还没有它们这副身影。它们属于未来虫种。如果本人力所能及查阅到的数量不大、内容简略的档案资料是可信的，那么可以说，象虫就是鞘翅目昆虫的鼻祖。

生命在它的初期阶段，制造出显然与当时的和谐世界不尽和谐的某些怪物。生命创造蜥蜴类动物，最初热衷的是十五到二十米长的巨兽。它给这类怪物的鼻子和眼睛装上尖角，脊背铺上古怪的鳞片，脖子雕上带刺的鼓包；从这圈鼓包当中钻露出来的头，酷似缩在一顶风帽里。

生命甚至下大功夫，给这些巨兽再配上翅膀，但并不那么成功。这类可怕的动物出现后，生殖的激情和狂热却无奈消沉下去。于是，出现了我们篱笆上的绿色蜥蜴。

生命发明鸟类的时候，给鸟嘴装上爬行动物的尖牙利齿，臀尖挂上一条装饰着羽毛的长尾巴。这些不知长得像什么，难看得令人发怵的未定型动物，即是红喉雀和鸽子的远祖。

这些原始动物，脑袋过小而智力低下。远古兽类的首要特征在于，它们都是一架能突然一下就抓住猎物的机器，都是一副能够消化东西的胃。智力在那个时代还不重要，其重要性是以后才显现出来的。

象虫以自己的方式，多少重蹈了远古动物那畸形化与错位法的覆辙。请看它头上稀奇古怪的延伸部分。与头部相接的是短厚的吻根，由此前伸的是强劲的圆形或四棱形吻管。吻管非常奇特，一副北美印第安人长烟斗的模样。它像一根马尾那么细，和象虫自己的身体一样长，甚至更长。这奇特工具的前端，是灵敏的大剪刀——上颚。触角则长在了长吻管的两侧。

这个或称喙，或称嘴，或称鼻子的奇怪东西，于小虫何益？虫子是从哪儿找到了这些器官的原型？哪儿也没找。它自己就是这些器官的发明者。这些是它独有的器官。除了它所属的那一科昆虫，再无任何鞘翅昆虫拥有这样一副奇形怪状的嘴。

它那个小得出奇的头，也值得注意，几乎就是个从鼻子底部膨胀出来的球。球里面有什么呢？有一台不好使的微型神经仪，这正是本能极为有限的标志。看到这些小头昆虫干活儿之前，人们因其智力而漠视它们。它们被归为反应迟滞、缺乏技艺的动物。这些具有先见之明的见解，后来也没有被否定。

类象科昆虫没有因为自己的才干而受到赞扬，但这并不能成为蔑视它们的理由。正如湖泊里的页岩所肯定的，它们在长着鞘翅的昆虫当中，拥有先驱者的地位。在预防可能发生的意外方面，它们比最具备养育灵性的昆虫同类们优越。它们向我们展示出生命的最初形态特征。长着利齿形大颚的鸟和生着尖角状眼眉的蜥蜴，表现的是远古时代的特征。它们在那个宏观世界里所具备的本质特征，也是象虫们在自己微观世界里表现着的本质特征。

类象科昆虫种群一直兴旺不衰，未改变特征就能延续到今天。它们今天的形态，就是它们在各个大陆古老年代的形态。泥灰岩书页上的图像，充分肯定了这一点。我不揣冒昧，在这些图像下面注明的是"属"这个名词，有时甚至还用的是"种"。

本性持之以恒，形态也会随之经久不变。继续开展对今日类象科昆虫的调查研究，我们还可以在象虫祖先的生物学状况方面，获得与实际情况十分接近的一章知识。那个年代的普罗旺斯，还是一片岸边满目棕榈，水中成群鳄鱼的辽阔湖泊。现在的历史一定会为我们讲述过去的历史。

[原著第7卷《老象虫》一文节译]

胭脂虫的酒窖卵匣

YANZHICHONGDE
JIUJIAOLUANXIA

到了五月，我们去阳光充足的高温地点，耐心视察圣栎树的一簇簇枝叶。我们还要参观一种杂乱的灌木丛，这种灌木长满小尖叶，当地普罗旺斯农民叫它"阿瓦于斯"，植物学家称之为胭脂栎。这种其貌不扬的灌木，我们一迈腿就能跨过去；然而它确实是一种栎树，而且是什么都不缺的栎树。不信你看，它那粗糙的萌果上，不是夹裹着很像样的栎实坚果吗。我们从圣栎树上能收获的东西，从它身上也完全可以收获到。不过，那种很一般的栎树，我们不用去看，也就是那种英格兰栎，因为那种栎树上根本不会找到我们今天要找的东西。只有圣栎和胭脂栎这两种树，值得我们仔细观察一番。

我们会在栎树上看见，这儿几个、那儿几个地生着一些乌黑油亮的小球球，大小就和豌豆差不多。那就是胭脂虫，一种极其奇特的昆虫。这东西，它是种动物？不知道怎么回事的人，万万想不到会是这样，他以为那小球球是浆果，或者是醋栗的黑栗子。如果把小球儿放进嘴里，用牙一咬，它会裂开，有种微苦中带甜的味道，结果更会让人产生上述错觉。

这挺可口的果实，据说是动物，是一种昆虫。我们得好好看看，用放大镜仔细观察观察。你拿起放大镜，仔细寻找虫头、虫腹和虫爪。找来找去，绝对没有头，也绝对没有腹肚和足爪；整个小球儿倒像一种用煤玉加工出来的，规格一致的珠子。上面是否有昆虫特有的体节？一点儿也没有。这珠子表面像细

磨过的象牙一样光滑。它是不是在微微颤动,是不是能看到它有活动能力?纹丝不动。宝石也没有固定得这么牢的。

也许在小球儿下部,在它与枝叶的接触面上,能找到点儿动物身体构造的痕迹。小珠子很容易就从树枝上摘了下来,和摘浆果一样,完整无损。球体根基部分略呈凹坑,粘着一层蜡质白皮,此处形成一个漏出稠浆的小孔,浆液很黏。在酒精里浸泡二十四小时后,这层蜡质溶解了,我们想检查的那小片区域暴露出来。

放大镜一丝不苟地工作着,到头来却没能在小球儿底部发现爪子,也没找到爪钩的痕迹。爪子和爪钩尽管细小,可它们是起固定虫子身体作用的呀。放大镜也没有发现虫子的吸管。吸管是用来插进树皮吸吮树汁的,树汁是这虫类不可或缺的食物。球底部分不如球顶部分光滑,但是和小球各部分一样,什么都没有。真可以说,胭脂虫就是简简单单和枝叶粘合在一起,除此之外与枝叶再无其他联系。

事情不会是这样。黑珠子得到滋养;它不断长大;它在不停地往外倾倒一种产品,那产品像是某位甜酒制造商的作坊里酿制出来的。要经得起这么

大量的流失，它必须至少有一个会钻孔的喙，能插入多汁液的树皮。它肯定有这样的喙，只是太细小，我这双疲劳的肉眼辨别不出来。也许是在我摘下胭脂虫那一瞬间，那把吸液体的工具收缩了，缩进了体内，成了肉眼看不见的东西。

小球儿球体朝向树枝的一侧，有一条长度几乎与半球子午线相当的宽沟。宽沟下端深窝儿处，开着一道像衣服扣眼般的小口，位置在小球根基的下侧。胭脂虫与外界的联系，全靠的是这个小口。这是一个多功能小门，其中第一个功能，就是流淌甜浆用的泉眼。

我们折了几枝住上胭脂虫的矮栎树枝叶，断口朝下插进一杯水里。这样，树叶可以在一段时间里保持新鲜，使胭脂虫仍能继续过安生日子。没多久，我们看见从扣眼小口处冒出一种无色透明的液体。两天之内，这液体不断渗出，形成与蓄水小球个头儿差不多大的一滴浆液。液珠儿不断加重，从小球儿上滴落下来，但没有淌过小球儿表面，因为这泉眼开在球底根基部位。一滴浆液滚落，另一滴浆液开始渗出。这甘泉不是间歇泉，它源源不断地流淌着。这小球儿何等忧伤，眼泪淌起来就没个完。

我们用手指尖接过小蒸馏器滴出的液体，送到舌尖尝一尝。啊，味道真不错！气味、滋味俱佳，与蜂蜜不相上下。如果胭脂虫可以大量饲养，其产品可以尽情收取，它岂不就成了我们十分难得的一位甜味食品制造商了嘛。

五月底的时候，我们捏裂这薄壳小黑球儿。剥开脆硬易碎的外皮，出现在眼前的是解剖结构十分简单的一团虫卵，除了小卵粒外什么都没有。三个星期来，你一直期待着最后能看到甜酒酿造商的成套设备，那一排排一行行的小蒸馏釜；可到头来看到的，却是满车间的卵粒。可以说，所谓的胭脂虫，无非就是满满一匣子虫类的种子。

[原著第9卷《矮栎树胭脂虫》一文节译]

金步甲的婚俗

JINBUJIA
DEHUNSU

举世公认：金步甲是消灭毛虫的能手，的确无愧于园丁的称号；它保护菜园、花圃，是警觉的乡野卫士。我的研究并不是从这一方面入手，不会为金步甲由来已久的美名再锦上添花。然而我至少可以通过后面的内容，向大家揭示这虫类至今鲜为人知的一个侧面。这残忍的吞噬者，吞吃力所能敌的一切猎物的怪兽，自己最终也被吃掉。被谁吃掉了呢？被自己和许多同类。

一天，门前梧桐树的树荫下，一只金步甲正匆匆路过。欢迎这位前来朝圣的，它一定可以起到增强玻璃箱中居民统一的作用。我把它拾起来，这才发现，它的鞘翅末端受了轻微损伤。是不是情敌之间争斗的结果？看不出有这种迹象。最要紧的是，但愿它没有遭受什么重创。经查无伤，可以利用。我把它放进玻璃住宅，为已经占用了居室的二十五只金步甲做伴。

第二天，我前去了解新食客的情况。它已经死了。夜里，伙伴们袭击了它，那残缺不全的鞘翅，未能充分保护它的腹部，肚子被掏空了。手术做得干净利落，没有弄掉任何一部分肢体。爪子，头，胸，一切安然无恙；只有肚子开了个大口子，里面的东西就是从开口的地方摘除的。眼前这东西，已成了一个金贝壳，两瓣鞘翅抱合在一起。掏空软体组织的牡蛎壳，也比不上这金贝壳干净。

这一结局令我惊异，我从来都十分留心做到不让箱中缺少食物呀。蜗牛、腮角金龟、螳螂、蚯蚓、毛虫，以及其他一些最受欢迎的菜肴，调换着花样地送进饭堂，而且供应量充足到消费不完的程度。甲壳缺损的步甲虫，易于招致袭击，我的金步甲们把这样的一位弟兄吞吃了。它们再不能把这种行为的原因归结为饥饿了吧。

难道它们中间通行这样的惯例：受伤的要结束性命，后来的要掏空肚子？昆虫是不讲慈悲的。面对着绝望中四下乱窜的一位伤残伙伴，同类中竟无一肯停下来帮它一把。食肉者之间的事情不仅仅如此，甚至还要朝着悲剧性方向发展。有时候，一群过路的奔向一位残疾者。是去减轻它的痛苦吗？根本不是。是去品尝它，而且，假如味道不错，那么就以吞食的方式，为其彻底解除残疾之苦。

因而会有这种可能：那步甲虫鞘翅残缺，部分暴露在外的屁股引诱了伙伴们；大伙儿觉得，这挂了彩的弟兄是正好可以开膛的猎物。换一种情况，如果不是哪一位事先负了伤，那么，大家是否就互敬互重呢？从种种外在表现上看，给人的突出感觉是，大家彼此保持着十分和睦的关系。用餐期间，众

宾客从未发生打斗，充其量只是轮流抢着吃而已。躲在小条板下午休息的长时间内，也从来没有发生过争执吵骂。我那二十五个家伙，在凉爽的土中埋进半个身子，心平气和地消着食儿，打着盹儿，互相挨得近近的，卧在各自的土窝里。当我掀掉遮板时，它们立刻醒过来，拔腿就走；四下奔跑当中，无论什么时候相遇，彼此都不翻脸。

由此可以认为，它们的和睦关系有着深厚基础，并且会无限期维持下去。可就在这六月暑热开始之际，当我察看虫箱时，却立即发现一只金步甲死了。它的所有肢体都没有脱落，全身紧缩成金贝壳状，酷似被吃空的牡蛎壳。这东西仿佛在向我们复述事件经过，这事件与不久前那位伤残者惨遭吞食的情形是一样的。我端详圣骨似的仔细检查这残骸，除腹部豁开大口，其他一切原封未动。可见，在别的伙伴掏空它肚子的过程中，它还保持着正常状态呢。

几天后，又一只金步甲被杀，受到同前者一样的礼遇：盔甲完好无损，干净整齐。把死者肚子朝下摆在那里，一副完整无缺的模样；把它背朝下放在那里，看出是个空壳，里面没有一丝肉质。隔不多久，又出现一个空心尸骸，接着又是一个，其后又是一个，我眼睁睁地看着园中动物的数量这样锐减下来。如果这股屠杀的疯狂持续下去，我那虫箱里就什么也剩不下了。

也许是这些天年耗尽的步甲虫走过自然死亡历程，幸存者们在瓜分它们的尸肉？要不就是为了减少人口而不惜牺牲过着美滋滋生活的庶民？要搞个真相大白是不容易的，因为事件主要是在夜里发生。由于时刻保持警觉，我终于在大白天，两次撞见正在进行当中的剖尸行动。

六月中，我亲眼看见一只雌虫摆弄一只雄虫。雄虫还是认得出来的，它的体型略小。手术开始了。进攻的一方撩起对方的两瓣鞘翅，从背后咬住蒙难者的肚子末端。它情绪高昂，轻轻拉拽着，大口咀嚼着。就擒者体力依然充沛，然而却既不防卫，也不折腾。它全力向相反方向扯着身体，一心想从那些可怕的小钩子上挣脱出去。它一会儿前移，一会儿后滑，拖拽雌虫时它前移，被雌虫拖拽时它后滑。它的全部反抗，仅限于此。战斗持续一刻钟。一群过路的突然赶来，停下脚步，心里似乎在窃窃私语："一会儿该看我的了。"最后，使足成倍的力气，雄虫终于挣脱，逃之夭夭。可以想象，假如它挣脱不成，肚子就会被狠心的步甲大姐掏空。

几天之后，我又观看到一场相似的戏，只是这一回演完了结局。仍然是一只雌虫从后面咬一只雄虫。雄虫除了徒劳地拼命挣着身体，再无任何其他抗争表现，这挨咬的是在听任摆布了。表皮终于先做了让步，接着创口扩展开来，继而内脏被摘除，吞进了胖主妇肚里。再看胖主妇，脑袋钻进自己伴侣的腹腔，正仔细清理硬壳底下的软组织。只见雄虫的肢爪一阵抖动，宣告此生走到了尽头。宰尸妇并不为之动情。它继续搜寻，一直深入到胸腔中可以探进头嘴的狭窄地方。死者身上所剩的，只有抱合成小船壳形状的鞘翅，以及尚未脱落的前半个身子。掏空后的残骸，被就地抛弃。

我在玻璃箱里不断看到的遗骸，总是雄性步甲虫的，这些雄虫大概就是如此丧生的。起码可以估计到，那些仍然活着的雄性还是要这样毙命。从六月中到八月一日，笼中居民的数量从最初的二十五口，减少到只剩下五位雌性。二十只雄虫全部消失，它们先被剖腹，然后再被深深地掏空。它们是被谁剖腹掏空的？显然是被雌虫。

我有幸亲眼目睹的那两次攻击行动，都

证实了这一点。先后两次，光天化日之下，雌虫钻进鞘翅，打开雄虫的腹腔，填饱自己的肚子。当然应该承认，其中第一次是在试图这样做。即使我未能直接观察到其他屠杀实例，我所获得的证据也是很有价值的。有人不久前也目睹了类似场面：被咬住的一方不予以反击，也不采取防卫，只是一个劲儿挣扎着抽身夺路。

　　如果这只是正常的打斗，只是为争夺生命而发生的合乎常情的拳脚相加事件，那么被攻击者显然会调转过头去，因为它完全可以这样做：只要一把抓住攻击者的身体，就能够以牙还牙，回敬它的侵权行为；凭它的力气，一旦对打，准会转而占上风。却不料，这白痴竟听任对方有恃无恐地啃咬自己的屁股。这其中似乎有一种无法克服的难为情心理，妨碍它反戈一击，阻挠它也咬一咬正在啃咬自己的对方。这宽容令我想起朗格多克蝎：雄蝎在婚姻终结的时候，任凭自己的伴侣吞吃自己，却不动用自己的武器，即，那根有能力让蝎大姐尝尝苦头儿的毒螫针。这宽容还令我想起雌螳螂的情夫，那是条只剩一段身躯也要继续为未竟事业尽忠的汉子，当最后被一小口一小口啃吃的时候，它竟不做任何反抗。此乃婚俗成规所系，对雄性而言，就是无可非议的规矩。

　　我那步甲园中的雄性，从第一个到最后一个，全部被剖了腹。它们向我们演示的，是一样的习俗。它们是为眼下已得到交尾满足的伴侣而牺牲。从四月到八月的四个月里，每天都能有几对雌雄配成双。它们忽而是试探性夫妻，忽而又结为有效夫妻。当然，结为有效夫妻的情况更为多见。它们都是些求偶心切、欲火难熄的热恋狂，其冲动绝对不会仅此而已。

　　步甲虫处理爱情事务，真可谓简便快捷。就在众目睽睽之下，也无需酝酿感情，一只过路雄虫便扑向一只过路雌虫，而且是刚刚遇上的第一位雌性。雌虫被它搂住，略微仰起头来，表示乐意接受。于是，那骑士便挥动触角，用梢头儿抽打对方的颈背。双方结合了。事刚干完，二者突然分手，双双跑到餐桌上去吃蜗牛便餐。然后，它们各自通过新的婚仪，分别另结良缘。新结成的夫妻双方，事后又你我另寻新欢。反正，只要有雄虫受用就行。一顿大吃过后，一次粗暴的泄爱；一次泄爱过后，又是一顿大吃。对步甲虫而言，生命要旨即在于此。

　　我的步甲园中，待嫁的姑娘与求婚的小伙儿，双方一开始就不成比例，五个雌性对二十个雄性。不过问题不大，争风吃醋是不会见出高低胜负的；大家索性平心静气地共同使用过路的雌性，滥用过路的雌性。有了这忍让精神，经过多次反复尝试，随着见面机会碰巧到手，或早或晚，每只雄虫都总有一天使欲火得到宁息。

本来，按我的愿望，我是想得到一群雌雄比例更趋合理的步甲虫。然而，由于此事是以偶然性为主导的，无法再做什么选择，当时捉到的就是这样的一群。初春时节，我在附近一带的石块下寻找步甲虫，只要能遇上，就统统捉来，不管是雌是雄。单看外表，区别雌雄是相当困难的。后来，在圈养过程中我知道了，雌虫比雄虫稍大一些，这是雌虫的明显标记。所以说，我的步甲园中雌雄数量搭配这么不协调，纯属偶然因素所致。可以想见，自然条件下，雄虫的比例不会如此之大；而且，处于不受约束状况下的步甲虫，也绝对不会在一块石头下聚集这么多只。实际上，步甲虫基本过着孤独生活，极少能在同一虫穴里发现两三只住在一起。一个玻璃箱里聚集这么多步甲虫，确实是个例外，好在这里竟没有出现骚乱和失控局面。玻璃箱有开阔的场地，可以供虫子们长距离漫步，也可以供它们随心所欲地从事惯常的嬉戏游乐。愿意离群索居的可以独自过活，愿意聚众群居的可以立刻找到伙伴。

监禁的处境，看来并未使它们心烦意乱，频繁大量进食和日复一日交尾的事实，都说明了这一点。自由生活在野外，它们的精力大概不会这样充沛，很可能缺乏生气，因为食物不会像虫箱里这样丰富充足。不过，给这些囚徒的福利照顾，并没超出正常水平，这样有利于它们保持以往的习俗。

唯一不同的是，在我这里，同类之间的接触比在野外频繁得多。这对于雌虫来说，等于创造了更便于虐待异性的机会。它们可以随时厌弃已经挑逗够了的雄虫，咬它们的屁股，掏空它们的肚子。由于相互离得过近，猎食旧爱的现象变得严重起来；但这种行为本身，并没有因此而发生变异。这是习惯性的行为，临时做是做不出来的。

交尾期过去，如果是在原野上，那么一只雌步甲遇到一只雄步甲时，就应该把它当作猎物嚼碎，以此结束婚礼的最后程序。我在野外掀翻许多石块，始终没有巧遇这种场面。问题不大，玻璃箱里发生的事情，也足以令我信服了。步甲虫的世界是个怎样的世界呀！在那里，当卵巢获得孕育资本而不再需要帮手的时候，胖主妇们便把帮手吃进肚子里！为了要将雄性如此这般地碎尸了事，生殖法则想置雄性于何等微不足道的地位？

爱情既过，同类相食；这种现象是否十分普遍地存在呢？就目前而言，我知道有三种各具特色的实例：其一是螳螂，其二是朗格多克蝎，其三就是金步甲。在飞蝗类昆虫中，以雄性为猎物的做法不那么恐怖，算是比较温和的。之所以说比较温和，是因为被吞食的雄虫是已经死去的，不属于活吞。雌性白面螽斯，很乐意蚕食已故情侣的腿；绿螽斯也是这样。

这可能在某种程度上与食性有关。譬如，白面螽斯和绿螽斯，二者都以肉食为主。遇到一只死去的雄螽斯，胖主妇们乐意不乐意吃，要看死者是不是前夜情夫。同是野味肉食，情夫的肉却如此好吃。

吃素食的又如何呢？临近产卵期，雌性无翅螽斯向活得好好的伴侣张开利齿，在它鼓鼓的肚皮上咬出个洞，然后开始吃它，直到不想再吃为止。性情温厚的雌蟋蟀，会突然变得乖戾起来；把曾经向自己献上那般痴情的小夜曲的雄性打翻在地，扯碎它的翅膀，折断它的提琴；甚至那演奏家还没断气，就先从它身上叼下几口肉。由此可见，交尾过后，雌性对雄性极端厌恶的情况是经常发生的，尤其是在食肉昆虫当中。这些残酷习俗究竟出于什么动因？我想，只要能具备条件，我一定不失时机地把这个问题搞清楚。

[原著第10卷《金步甲的婚俗》一文全译]

蝉卵的遭遇

CHANLUANDEZAOYU

一次又一次，当着雌蝉全身心投入那桩母亲独有的事务，随着卵粒不断排出并固定就位，一种很不起眼的小飞蝇也正在从事消灭蝉卵的工作。这飞蝇同样有一只小钻探器。雷奥慕尔其实已经见过这蝇虫。他在几乎所有被观察的枝条上，都遇到过飞蝇那蠕虫形态的幼虫，但一开始就没有引起自己的注意。因此他没有看到，也不可能看到这大胆的破坏分子的作案行动。这是一种小蜂科昆虫，身长五六毫米，通体墨黑，长着一对前端渐粗的触角。钻探器出套后，固定在腹下中央部位，与身体中轴线恰成直角，位置与褶翅小蜂的产卵器相同。褶翅小蜂是好几种蜜蜂的祸害。大概，这灭绝蝉类的小矮子，已经被载入昆虫分类词典。但由于不够重视而未曾把它当作研究对象，我至今尚不清楚，分类词典的编纂者们究竟送给它的是怎样的名称。

然而，我清楚地了解它那不声不响的野蛮行径。在抬抬爪子就能把它踩烂的庞然大物身边，它竟恬不知耻地利用对方的宽厚，肆无忌惮地为非作歹。有一回，我看见三只飞蝇，合伙欺负一只正在产卵的母蝉，那真是一场灾难。它们站在蝉的后脚那里，其中一只把自己的产卵管钻进蝉的卵团，另两只等着捕捉下一窝蝉卵排出的时机。

母蝉刚又安顿好一窝卵，向上稍做移动，正开始钻下一窝卵的洞穴。强盗中的又一位，连忙赶到母蝉离弃的地点。它虽然擦碰着了巨虫的爪尖，但是却

毫无惧色，仿佛是在自己的家里，干着什么很光彩的好事。它把钻探器抽出工具套，插进蝉卵的竖洞。它不是顺着布满木纤维断茬儿的钻孔往里插，而是顺着洞口边上的缝隙。摆弄这工具得花上些工夫，因为工作点上的木头几乎尚未经过任何加工，所以，蝉可以从从容容地在上一楼层的居室中安顿它下一窝后代。

蝉刚刚产完又一窝卵，另一只飞蝇，就是落在后面没捞到活儿干的那只，立即接替了蝉的位置，给蝉卵接种上自己那毁灭性的疫苗。当母蝉最后飞去的时候，大部分卵室均已如此这般地容纳进一颗异类的卵粒，它将最终让蝉舍里的一切尽遭毁灭。不久，将有一只蠕虫抢先孵化出来，取代蝉的家庭，独霸一间居室，独享一份肥美的十二黄儿蛋。

[原著第 5 卷《蝉的产卵和孵化》一文节译]

幼蝉的漫长经历

九月还没结束，透着象牙白光泽的蝉卵就变成麦子般的金黄了。十月初，卵粒顶端凸显出两个黑褐色的小圆点，这是小虫正在发育的眼睛。一对几乎就要看东西的眼睛，加上那圆锥形的头，蝉卵看起来，就像条有半个核桃壳就够游泳的没有鳍翅的微型鱼。

这期间，我总在小院子和附近山坡的百合科植物阿福花上，见到有蝉卵新近孵化的痕迹。新生儿们匆匆挪窝搬家，在家门口遗弃了破外套、碎内衣。这些旧衣服说明什么，我们马上就能了解清楚。

我频频巡访那些阿福花植株，指望着会有好收获，但到头来还是没有能亲眼看到小蝉从洞里钻出的情形。家里养护的蝉卵，同样没有收到什么效果。我连续两年，不失时机地收集了上百根带蝉卵的各类植物枝条，装在纸盒、试管和玻璃杯里。然而，没有一根枝条让我看到那令人望眼欲穿的一幕：新生儿出洞。

这之后，到了十月二十七日那一天，我已经对成功不抱希望，只是照例从院子里收集些带蝉卵的阿福花干枯茎叶来，堆放在我的工作间里。我打算再观察一次植物上的小洞孔，就此彻底放弃这项工作。那天上午很冷，已经生起冬季第一炉火。我拿起把那束茎叶，放在炉旁的椅子上，根本没有试试炉温对蝉卵有什么影响的念头。刚从植株上取来的茎叶，被我一枝接一枝伸手摆放到身边，随意而为，并未经心。

当我把放大镜对准一根茎条的断口时，本来已不抱任何希望的一幕突然展现在眼前：蝉卵正在孵化。我收集的茎条，居然住上了居民。蝉幼虫十来条十来条地从洞孔里钻出来，数量之多，令我这观察者大饱眼福。原来，蝉卵恰逢成熟期，在高温炉火烘烤下，犹如在户外受到了强阳光的照射。千万别错过这意外良机！小洞孔里的木质纤维正被钻开，一个圆锥状的尖端从钻孔中露出来，尖端上有两粒黑黑的圆眼睛。我猜想，这肯定是卵的顶端，就是前面说过的微型鱼的头部。看来，蝉卵是从小洞深处移到洞口的。果真如此的话，那就无异于是一只卵在狭窄的地道里运动！是一个胚胎在走动！这不可能，从来没有这样的事。这是我的错觉吧。待劈开枝条，秘密才被揭穿。真正的卵壳并没有移位，它们不甚齐整地牵连在一起。卵壳都是空的，已变成透明袋子，前端洞开着。从卵壳里出来的是个奇特的小生命。我们看看小生命的明显特征。

此时的头形和黑眼睛，让它比处于卵态阶段时更像一条微型鱼。侧看，身下出现一个腹鳍样的东西，格外符合鱼的形象特征。蝉卵发育过程中，两条前肢合套在一副特制的鞘里，紧贴胸腹向后直伸着，形成酷似单桨的鳍状物模样。这只鳍现在已可以做小幅度的动作，想必当时能帮助孵化出的小小蝉从卵壳里脱身，而后能帮助它从难度更大的木质暗道中钻出来。眼前的小生命正在行进，利用的是已见有力的尾钩和并在一起的两条前肢。尾钩后顶时，前肢先稍微下压，而后再靠回胸腹，就这样像杠杆一样，一起一落地发挥支撑作用。四条后肢仍包在一个整体套壳里，没有活动能力。放大镜下才能看到的触须，也尚无生气。简而言之，小动物从蝉卵出来时像只小船；两只前腿并在一起，在腹下形成一只顺向后方的船桨。它的体节，尤其是腹肚背部的体节，清晰可见。它通体光滑，一根绒毛也没有。

最初形态的蝉如此奇特，令人难以想象，没有人猜得到是这副模样。如何给它定个学名呢？要不要拣些希腊字母，组合拼摆一下，焊接成个什么别扭名称？我不会这么做。我深信，对于科学的空间而言，那类野蛮术语只是占地方的荆棘杂草。我就称之为"初态幼虫"，就像解决芜菁、斑腹蜂和卵蜂的类似问题时一样。

蝉的初态幼虫，体形非常适合出洞。孵化后要钻的小道非常窄，勉强够一只幼虫爬出来。再者，蝉卵在洞中不是首尾相接成一串，而是并列成排，相互部分重叠。蝉卵行列最远端孵化出来的幼虫，不得不在已孵化卵留下的一连串破外衣中穿行。此外，狭窄的通道里还有整排的空卵壳障碍物。

通道条件如此，初态幼虫如果当即扯裂临时外套而变成常态幼虫，那么，幼蝉很可能无法逾越那重重障碍。触须肯定碍事，长腿一旦展开就丧失了流线体型，那些弯钩爪尖一路上都要钩钩绊绊，这一切，无疑会妨碍它迅速获得解放。共处一个卵洞的卵，几乎在同一时间孵化。离洞口越近的新生儿，越要尽早撤离，以便给后边的新生儿腾出通道。新生儿们需要光滑顺溜的船壳体形，这样就能使自己像钉楔子一样，较为顺畅地从卵洞中钻挤出来。所有部件都紧贴身体包在同一个外套里，整个体形像只梭子，单桨有一点点活动能力，具备这些特点的初态幼虫，担当起在孵化阶段穿越重重障碍，钻出通道，降临世界的角色。

它所面临的是一项紧迫任务，必须在短时间内完成。现在，一位迁居者那长着一对圆眼睛的脑袋露出来了，正把顶部松散的碎木纤维向外轻轻推开。它的前进行动极其缓慢，用放大镜都不易察觉。它就是这样，钻一步露出一点儿，多钻一步多露出一点儿地行动着。至少过了半个小时，这只小小生物船的整体才显现出来，只剩船尾还夹在暗道口内。

来到洞外，外套很快开裂，初态幼虫自首而尾蜕了皮。这时候出现的才是常态幼虫。脱掉的外套像团丝线悬挂在那里，丝线团未碎裂的末端就像铲土车的铲斗，幼虫的腹部仍嵌在铲斗里。下地之前，幼虫要在这里沐浴阳光，增强体质。只见它伸缩着肢体，测试着气力，懒洋洋地固定在安全带里悬空摇晃。

起初它是白色的，而后变成琥珀色。长长的触须在自由颤晃，腿关节在不断活动，粗壮的前肢开合自如。身体只凭借两条后腿悬挂在那里，微风一过就跟着摇晃起来。此时它已准备好做个后空翻动作，就次降临尘世。小小体操家的动作堪称一绝，没见过比这更离奇的表演了。幼虫在枝条上悬挂的时间，长短不一。有的是半小时左右落地，有的要在带插柄的铲斗里待上好几个小时，还有的甚至要等到第二天。

或迟或早，幼虫一一落地，它们用来悬挂身体的安全带，也就是初态幼虫的外套，依旧留在原地。一个卵洞里的所有蝉卵都变空之时，洞口也就被一大团丝线遮盖了。这些又短又细、带曲带弯的黏丝，随后就像风干的蛋清一样，皱巴巴贴在洞口。每束丝的末端都黏着一个开着口的小铲斗。这层质地细腻的皱皮，用手一碰就不见了。所以，只需一阵微风，它们就能被吹得无影无踪。我们再看幼虫本身。幼虫早晚会落到地上，有时是利用偶然条件，有时是依靠自己的努力。小家伙洞外再度新生，个头儿只有跳蚤大，体质虚弱，肌肤极其娇嫩。此时此刻，它已经仰仗自己的安全带，做好了抵挡坚硬泥土的准备：软绵绵的空气被套，已经让它变得十分硬朗。现在，它就要投身到严酷的生活中去。

我预感，大自然中有无数危险在等候着它。遇到微风，这不起眼的生命微粒可能被带到坚硬的岩石上，积了水的车辙中，或者没有食物的不毛沙地里，也有可能被带到一片板结得无法钻入的黏土地，而这类足以要它小命的地点又比比皆是。况且，这是在寒凉十月的多风季节，能把一切吹得漫天飞散的强风也出没频繁。

这脆弱生命所求的，是一块质地松软，易于深钻的土地。

在地下，它们显然只能靠植物根的汁液充当食物。无论是成虫还是幼虫，蝉都是靠植物活命。成虫吸取树上的汁液，幼虫吸食根下的汁液。那么，蝉一生中的第一口汁液，究竟是什么时候吸食的呢？我至此仍不得而知。以前的实验显示，刚孵化出来的幼虫，似乎都急于钻进泥土深处，解决迫在眉睫的御寒问题；而不是一路走去，畅饮沿途遇到的甘泉。

出世的蝉幼虫，大概已在行程中遇上我种的植物，接触到它们的须根。它们是否停下脚步，插入吸管，少许进食了呢？看来不大可能。因为这一次，我在花瓶底部也埋了植物的细根，土里分布着根须，但我的六个囚犯没有一位驻留在那里。当然，也有可能是我倒出瓶土时，它们和土壤一起脱离了植物根。仔细查找，果真如此。

我把土块重新收回瓶底，六位挖掘工被我再一次放到瓶内地面上。很快，一人挖好一个土穴；接着，六条身影消失在土洞深处。我把花瓶摆放到工作间

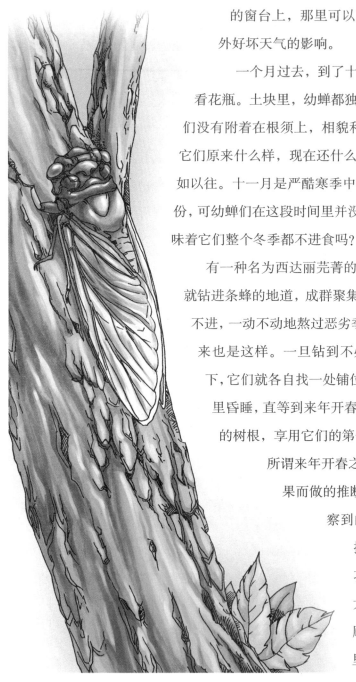

的窗台上，那里可以更为直接地受到户外好坏天气的影响。

一个月过去，到了十一月底，我再次察看花瓶。土块里，幼蝉都独自蜷缩在一处。它们没有附着在根须上，相貌和个头儿依然如故。它们原来什么样，现在还什么样，只是活力已不如以往。十一月是严酷寒季中一个相对温和的月份，可幼蝉们在这段时间里并没有发育。这难道意味着它们整个冬季都不进食吗？

有一种名为西达丽芜菁的小昆虫，一出卵壳就钻进条蜂的地道，成群聚集在一起，一口食也不进，一动不动地熬过恶劣季节。这些幼蝉，看来也是这样。一旦钻到不必再怕霜冻的地底下，它们就各自找一处铺位，开始在过冬营房里昏睡，直等到来年开春才把吸管插进身边的树根，享用它们的第一顿点心。

所谓来年开春之事，尚属依观察结果而做的推断。我本想用后续观察到的事实来证实这些推断，然而没能成功。四月来临，春回大地，我第三次光顾那个花瓶，把百里香连根带土倒出来。我轻轻捣碎土块，借着放大镜检查，仔细得像稻秸堆里寻针。终于，我找到了小蝉。但它们已经死了。它们也许是冻死的，尽管我已给花瓶扣上了外罩；也许是饿死的，大概百里香不对胃口。我放弃了，不想继续解决这个难度过大的问题。要知道，如果依然采取这种养护方法，其成功须具备一定条件。首先，需要一大块开阔厚实的土壤，借此躲避严寒的冬天；其次，由于不清楚幼蝉的口味，准备植物必须多样化，供它们根据自己的喜好选用。即使这些条件都能办到，难题依然存在。这么一小把腐殖质黑土，我寻找幼蝉粒都得花那么大功夫；设想按要求我起码要对付一立方米的大土堆，到时候怎么能找到这小东西呢？再说最后搜索时，挖土本身是件下力气的活计，挖掘过程中就极可能已把幼蝉从它吸食养料的植物根上裹挟走了。

蝉的初期生活在地下，避开了我们的视野。即使已经发育很好的幼蝉，我们也不大了解。人们从事田间劳动，经常遇到这已是身强力壮的小小挖掘工，它就待在一锹深的泥土里。但这一状况不是我所关切的。我想能突然一下撞见它扒在植物根上，从而确定它是以根中汁液为食。然而，泥土震动会向它传递危险信息；于是，它抽出吸管，撤离到某个地道里；一旦扒开土层，让它暴露出来，此时的它早已不是在吸汁液了。

农民田间挖掘，免不了惊动幼蝉，他们不会帮助我们如实了解幼蝉的地下生活习性。然而他们挖出的实物，却至少可以告诉我们幼蝉所处的生命阶段。有几位好心农民，三月里深翻土地时总会挖到幼蝉，然后不管个儿大个儿小，都高高兴兴地给我捡回来。就这样，我收集到几百只幼蝉。根据体型上的明显差异，它们可分为三个型号：一为大号，有翅膀雏形，和刚从地洞钻出来的一样；二为中号；三为小号。不同型号，应该对应着不同龄期。如果再加上我那几位淳朴合作者肯定发现不了小生命，也就是卵洞中处于孵化期的初态幼虫，那么我们就可以判断出，南欧熊蝉在地下大约待四年时间。

　　蝉能够满天飞的生命期，估算起来容易得多。我七月中旬听到第一声蝉鸣；一个月后，音乐会达到高潮；九月中旬，还偶尔有几位迟到者在稀稀拉拉地独唱，音乐会此时该结束了。既然蝉不是在同一时间里全部钻出地洞，那么不言而喻，九月的歌唱家与七月的演奏家，绝对不会是同时登场的。取首尾两个日期的中间值即可得知，蝉在半空中生活的时间，大约为五个星期。

　　四年间地底下的劳苦，一个月阳光下的快乐，这就是蝉的生命。不要再责备成年蝉的狂热，就让他尽情高歌吧。忆往昔，黑暗中度过四年时光，皱缩的脏外套时刻箍在身上，日复一日地用镐尖刨着泥土；看今朝，通体泥污的挖掘工，眨眼间已是一身亮丽素雅装束，外加一副不让飞鸟的美妙翅膀，沐浴着温暖的阳光，陶醉于世间的欢乐。为了庆祝这来之不易且稍纵即逝的幸福，无论把欢歌唱得多么响亮，也不足以表达它蝉的狂欢之情！

[原著第 5 卷《蝉的产卵和孵化》一文节译]

为寓言中的蝉澄清事实

WEIYUYANZHONGDE
CHANCHENGQINGSHISHI

声誉是最先从传说那里获得的：描述动物和人的故事，优于记述他们的历史。虫类总是在最不拘泥于真实的民间传说中占一席位置，所以昆虫始终都特别能吸引我们。

就拿蝉来说吧，有谁不知道它呢？起码，它的名字是众所周知的。昆虫学领域，哪儿还有比蝉那么出名的昆虫啊？早在人们开始训练记忆力的年代，它那耽于歌唱而不顾前程的名声，就已经成为叙事主题了。我们从那些学起来毫不费劲的短小诗句中得知，严冬到来之际，蝉一无所有，跑到邻居蚂蚁家讨东西吃；这讨乞食物的不受欢迎，只得到对方一席戳到痛处的挖苦话。正是这些话，让蝉出了大名。两句带恶作剧色彩的粗俗答话是这样的：

"那会儿您唱呀唱！我真高兴。"

"好的，这会儿您就跳呀跳吧。"

这些话给蝉带来的名声，比它自己凭真本事建立的功勋还来得大。这种名声钻入的是儿童心灵深处，所以再也不会从那里出来。

蝉在油橄榄生长区过着离群索居的生活，大多数人没听过它的歌唱。然而它在蚂蚁面前那副沮丧模样，却已是妇孺皆知。名声就是这么来的！世上有糟蹋自然史和道德的大可非议的故事，有全部优点仅在于短小易唱而适合给吃奶婴儿听的故事。这些货色，都成了声誉温床。如此产生的声誉，将在各个时代支配人们紊乱的精神思想。其目空一切的淫威如何存在，看一看《小拇指》的皮靴和《小红帽》的煮饼就清楚了。①儿童是效果极佳的存储系统。习惯和传统一旦存入他的记忆档案，就再也无法销毁。蝉能如此出名，应归功于儿童。儿童在最初尝试背诵东西时，就结结巴巴地念叨了蝉的不幸经历。有了儿童，构成寓言基本内容的那些浅薄无聊的东西，便会长久保存下去：蝉将永远是在严寒袭来的时候忍饥挨饿，尽管冬天本来不会有蝉；蝉将永远乞求施舍几颗麦粒，实际上那食物与它的吸管根本不相容；蝉还将总是一位乞讨者，而讨要的却是自己从来不吃的苍蝇和小蚯蚓。

出现这些荒唐的谬误，责任究竟在谁？拉·封丹②的大部分寓言，确实因为观察精细而引人入胜。然而，对于上述问题，他的确欠思考。拉·封丹早期故事中的主题形象，诸如狐狸、狼、猫、山羊、乌鸦、老鼠、黄鼠狼，以及许许多多其他动物，拉·封丹本人都了如指掌。它们干什么事，做什么动作，都描写得准确细致，惟妙惟肖。这些故事人物就生活在当地，在附近一带出没，甚至与作者朝夕相处。这些动物的公共生活和私生活，都发生在他眼皮底下。不过，在他那片"兔子雅诺"蹦蹦跳跳的地方，见不到属于外乡人的蝉。蝉的声音，他闻所未闻；蝉的模样，他见所未见。在他的心目中，那声名莽然的歌唱家，肯定就是螽斯这类东西。

格朗维尔绘制插图，以其狡黠透顶的铅笔线条同寓言作品的文本争夺读者，却不知自己也出现了同样的混淆。他的插图里，蚂蚁被打扮成勤劳的家庭主妇。它站在门槛上，身边摆放着大袋大袋的麦粒，正掉过脸去背对着前来乞讨的蝉；那蝉则正伸出自己的爪子，唔，对不起，伸出

---

① 《小拇指》、《小红帽》：都是法国流传已久的著名童话故事。
② 拉·封丹：法国十七世纪著名寓言诗人。也有人译作"拉封丹"。

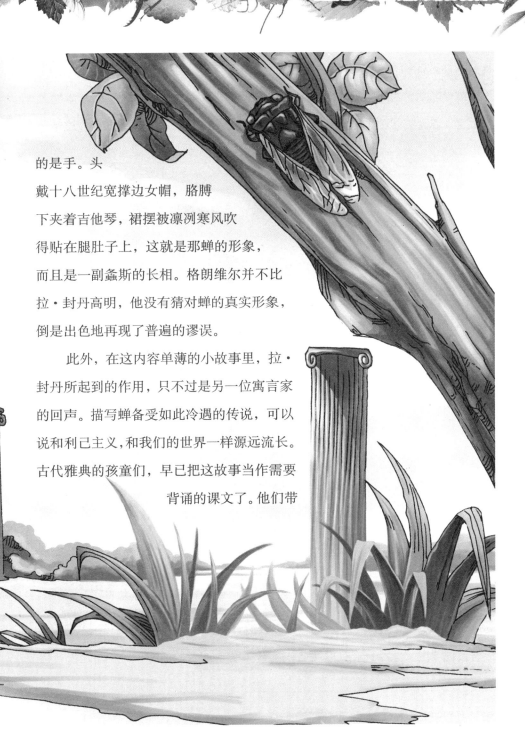

的是手。头
戴十八世纪宽撑边女帽，胳膊
下夹着吉他琴，裙摆被凛冽寒风吹
得贴在腿肚子上，这就是那蝉的形象，
而且是一副螽斯的长相。格朗维尔并不比
拉·封丹高明，他没有猜对蝉的真实形象，
倒是出色地再现了普遍的谬误。

　　此外，在这内容单薄的小故事里，拉·
封丹所起到的作用，只不过是另一位寓言家
的回声。描写蝉备受如此冷遇的传说，可以
说和利己主义，和我们的世界一样源远流长。
古代雅典的孩童们，早已把这故事当作需要
背诵的课文了。他们带

着装满油橄榄和无花果的草筐去上学，一路上口中喃喃有声："冬天，蚂蚁们把受潮的储备粮搬到阳光下晒干。忽然来了一只以借讨为生的饿蝉。它请求给几粒粮食。吝啬的藏粮者们答道：'你夏天曾在唱歌，冬天就跳舞好了。'"这情节显得枯燥了点儿，但恰恰成了拉·封丹的主题。当然，这主题不符合人们的正常概念。

这个寓言显然出自希腊，可希腊正是以油橄榄树和蝉著称的国度呀。因此我怀疑，伊索[3]果真像人们历来想象的那样是作者吗？不过，疑问归疑问，不必大惊小怪，因为讲故事的毕竟是希腊人，是蝉的同胞，他们想必是充分了解蝉的。譬如，我至今还没见到我们镇上有那么缺见识的农民，会看不出冬天有蝉这件事是荒谬绝伦的。冬天即将到来，需要给橄榄树培土，这时节，只要是翻弄土地的人，他就会看到蝉的初期形态，因为他时常用铁锹挖到蝉的幼虫；到了夏天，他又千百次地在小路边上见到蝉，知道其幼虫如何从自己修造的圆口井里钻出地面；他还清楚，出土的幼蝉怎样抓挂在细树枝上，然后背上裂开一道缝，接下去再丢弃比硬羊皮纸还干枯的外皮；他看见，脱了皮的蝉，先是草绿色的，随后迅速变成了褐色。

古代雅典的农民，也并不是傻瓜。他当时察觉到的，就是我们当中最缺乏观察力的人也能看到的情况；他当时知道的，也就是我的邻居老乡们今天一清二楚的事情。创作这个寓言的文人，无论如何，也是最有条件掌握上述情况的人。真不知他们那故事中的讹谬是从哪儿来的。

古希腊的寓言家比拉·封丹更不可原谅。古希腊寓言家只管讲述书本上写的蝉，却不去向就在其耳边振鸣一对响钹的真蝉作调查。他对现实毫无兴致，只跟着传说学舌。他本身充当着更古老年代某位讲述者的回声，复述的是来自诸

---

③ 伊索：古希腊著名寓言家。

文明之可敬母亲——印度的传说故事。印度人本来讲的是，一种缺乏预见的生活会招致怎样的苦难。可古希腊寓言家没有弄清印度人芦管笔下叙说的是这样一个主题，一心以为编入故事的动物小景与实际情况相符，蝉和蚂蚁其实不是在那里讨论问题。印度是虫类的伟大朋友，她怎么也不至于出现这类误会。各种情况表明，事情似乎是这样的：最初印度人编入故事的首要人物并不是我们的蝉，完全可能是另一种动物，姑且断定它是一种昆虫吧；那种动物的习俗，与古希腊人编写这篇故事所需要的行为特征非常吻合。

这样一则古老的故事，在多少世纪的岁月中，让印度河两岸的圣贤们不断产生思索，让那里的孩童们不断获得趣味。这故事非常古老，大概与历史上某位族长第一次作出节约财富训戒的年代同样久远。它从一代人的记忆传到另一代人的心里，有的人能大致保持原样，有的人则越传越走样。等到传进希腊的时候，老故事肯定会有许多细节已面目全非了，就像一切传说故事一样。那些情节在代代相传的过程中，被人们融进了不同时代、不同地域的现实环境特征。

印度人讲述的那种昆虫，希腊人自己的乡郊农村是见不到的。希腊人又把自己说不清是什么样的蝉到处兜售开来，结果就像在"现代雅典"巴黎发生的情况一样，蝉成了螽斯模样的东西。至此，讹谬已经铸成。荒唐事印入了儿童的记忆，便成了消抹不掉的印象；假象盖过真相，真实形象反而让人看了觉得扎眼。

我们设法为寓言所诋毁的歌唱家恢复一下名誉吧。不错，蝉是一类腻烦人的邻居，这一点我毫不迟疑予以承认。每年夏天，它们数以百计地到我门前来安家，吸引它们的是绿叶繁茂的两棵高大的法国梧桐。从太阳一出来，直到太阳落山，蝉就在那两棵树上叫，发聋振聩般的嘶鸣合奏，像不停歇的锤子一样敲响我的脑仁儿。面对这样一种声嘶力竭的大合唱，思考问题是办不到的，只觉得思路在眩晕状态下飘忽旋转，怎么也定不下来。如果不是我能把早晨的几小时光阴利用上，那一整天就等于白白流失了。

啊，走火入魔的虫子，你真够烦人，成了我住所的一大祸害，我多希望能住在一个安静的环境中呀。可是听人家说，雅典人竟把你养在笼子里，他们好随时享受到你们的鸣唱。饭后，人正打盹儿消食儿，一只蝉总算叫罢不吵了。谁知一唱刚过，数百唱骤然振响。人要思考点儿问题，甭想，注意力根本集中不起来，只觉得耳朵眼儿被振得鼓胀难忍，真可谓是在受酷刑！你还找到了借口，认为自己是先占据这块地盘的，所以有优先权。照你的想法，在我迁居此地以前，两棵大树完全属于你。说来说去，我倒成了擅自闯进树荫的入侵者。好，好，就算你有理。不过，听我一句忠告：你怎么也得给响钹装上弱音器，振音压低一点儿，这样你的口碑就会好些。

寓言家讲给我们的事情，事实真相嗤之以鼻，视其为"肆意杜撰"。有时候，蝉和蚂蚁之间是有关系，但都不是较为确定的关系。可以确定的只有一点，那就是，它们的关系恰恰与人们所说的相反。并不是蝉主动与蚂蚁建立关系，它活在世上，从来无需别人的援助；这关系是由蚂蚁的主动造成的，它是贪得无厌的剥削者，在自己的粮仓里囤积一切可吃的东西。任何时候，蝉都不会到蚂蚁的窝门前乞讨食物，也不会保证什么连本带利一起还；正相反，却是缺食慌神的蚂蚁，向歌唱家苦苦哀求。请注意，我说它是苦苦哀求！借还之事，绝对不会出现在掠夺者的习俗当中。它剥削蝉，而且厚颜无耻地把蝉洗劫一空。我们现在讲一讲蚂蚁的劫掠行径，这是至今尚未查清的疑难历史问题。

七月的下午，热浪令人窒息。干渴难忍的平民昆虫，个个打不起精神来，它们在已经蔫萎的花冠上转悠，徒劳地寻找解渴的途径。可蝉却满不在乎，面对着普遍的水荒，它付之一笑。这时候，它的喙，一种微口径钻孔器，在自己那取之不尽、用之不竭的酒窖上，找到一处下钻的位置。它一刻不停地唱着，在小灌木的一根细枝上稳稳站定，钻透平滑坚硬的树皮。树汁被太阳晒熟，把树皮胀得鼓鼓的。过后，它把吸管插入钻孔，探进树皮，津津有味地痛饮起来。此时此刻的蝉，纹丝不动，聚精会神，全身心沉醉于糖汁和歌曲之中。

我们守在这儿，看它一会儿。说不定还能看到什么意外的悲惨事件呢。果然，一大批口干舌燥的家伙在居心叵测地转悠，它们发现了那口井，是渗淌在井沿儿上的树汁把它暴露的。它们涌向井口。初来乍到，它们还算沉得住气，舔舔渗出的汁液而已。甜蜜的洞孔，四周一派匆忙，挤在那里的有胡蜂、苍蝇、蠼螋、泥蜂、蛛蜂和金匠花金龟，此外，更有蚂蚁。

为了接近水源，个头儿小的溜到蝉的肚子下面。秉性温厚的蝉，用肢爪撑高身体，让投机者们自由通行。个头儿大的，急得跺起脚来，挤进去嘬上一口退出来，然后到旁边的枝叶上兜一圈；过一会儿又凑上去嘬，而这一次已变得比刚才更加肆无忌惮。贪欲益发强烈，刚才还能讲体面的一群家伙，现在已经开始吵闹叫骂，寻衅滋事，一心要把开源引水的掘井人从源头驱逐开。

这伙强盗中，数蚂蚁最不甘罢休。我看到，有的蚂蚁一点儿一点儿地啃咬蝉的爪尖；还有的拽蝉的翅膀，爬到蝉背上，搔弄蝉的触角。一只胆大的蚂蚁，就在我眼皮底下，放肆地抓住蝉的吸管，使劲儿往外拔。

遭这群小矮子的这般烦扰，巨虫忍受不下去，终于弃井而走。不过临走时，非要往这帮拦路抢劫犯身上撒泡尿不可。它是位受蔑视的主宰者，它作出的这种表示对蚂蚁毫无作用！蚂蚁已经得逞。这不，得逞的成了水源主宰。却不料，那水源是很快就干涸的，因为引其涌冒的水泵已停止运转。甘液可谓少而精也；能得此一口，足矣，足矣，足可以再耐心等待下一次机会了。只要机会一来，还可如法炮制，攫取下一口琼浆。

大家这下看到了：事实把寓言臆想的角色关系，彻底颠倒了过来。专事趁火打劫，丝毫不讲客气的乞求食物者，那是蚂蚁；心灵手巧，乐于与受苦者分享利益的工匠，那是蝉。还有一个情况，更能揭示角色关系是被颠倒了的。歌唱家尽情欢乐了五六个星期。这段已不算短的日子过去后，它从树上跌落下来，生活耗尽了它的生命。尸首被太阳晒干，被行人踩烂。每时每刻都在寻找赃物的强盗蚂蚁，半路遇到蝉的遗骸。它把这丰盛的食物撕开，肢解，剪碎，化作细渣，以便进一步充实自己的食品储存堆。人们也常常遇见垂死的蝉，临终前翅膀还在尘土里微微颤抖，一小队蚂蚁就已经在一下一下地拉拽，一点儿一点儿地移动它了。此时此刻的它，忍受着的是极度的忧伤。领略了这残食同类的行为，两种昆虫之间的真正关系，已经昭然若揭。

[原著第5卷《蝉和蚂蚁的寓言》一文节译]

绿螽斯

眼下是七月，按照日历，伏天现在才开始。但实际上，酷暑已经赶在了日历的前头。几个星期来，气温高得折磨人。

人们今晚在镇上欢度国庆。顽皮的孩子们，正围着一堆快乐之火蹦蹦跳跳，从教堂钟塔的钟面上，可以看到影影绰绰映照出来的火光。"扑叭扑叭"的鼓声，给每束火焰增添了庄严气氛。我独自一人，躲在黑暗的一角，置身于晚上九点时已颇显凉爽的环境之中，倾听着田野的节日大合唱，这是庆祝收获的欢唱。这种节日，比起那正在村镇广场上由火药、燃柴捆、纸灯笼乃至烈性烧酒所欢庆的节日来，可要庄严壮丽得多，它透现着美所固有的朴实，显露着强大所固有的安宁。

时候不早了，蝉鸣停下来。饱享着光明和热量，它们把整个白天都花在了交响乐上。黑夜既已来临，它们应该休息了，可休息却不时受到惊扰。梧桐树厚密的树冠里，突然传出惨叫般刺耳的短促声响，是蝉在绝望哀号。趁它高枕无忧之际，绿螽斯一把抓住了它。攻势凌厉的夜间猎手蹿到蝉身上，拦腰抱住，剖开肚皮，随即在里面掏找起来。得手后，先是奏响狂欢曲，接着便开始一场残杀。

在我家附近，绿螽斯好像不是能经常见到的虫种。去年，我计划研究这种蝗科昆虫，可总是找不到它，只好向一位护林员请教。根据他的指点，我终于从拉嘎尔德高原捉到两对。那里属于寒冷地区，山毛榉时下已开始爬上旺杜峰了。

　　好运气要先开一连串玩笑捉弄人，过后，那些坚定不移的人是会受其青睐的。去年找不着的虫种，今夏却几乎随处可见。不用出小围墙院子，我便如愿以偿，找到了螽斯。一到晚上，所有郁郁葱葱的矮树丛里，都能听到它们发出

的声响。一定得利用今年这意外的好条件，不然的话，机会也许会失而不可复得。

从六月开始，我便将足够数量的一对对螽斯，安顿在一只金属网做的钟形笼里，笼子坐落在盛着沙土的瓦罐沙床上。这昆虫太美了，天哪，浑身莹莹淡绿，腰间缠着两条银白的饰带。它们体型得当，身材苗条，生着纱罗材质般的大翅膀，无疑成了蝗科昆虫中最漂亮的一种。我为捉到这样的俘虏而欣喜。它们将教给我什么？以后才能知道。眼下是要养活它们。

我给这伙囚徒投喂莴苣叶。它们果然啃咬起来，只是吃得很少，仿佛不屑启齿似的。原因很快搞清楚了：我与之打交道的，都是些不那么甘心当素食主义者的家伙。它们需要的是另一种东西，似乎是某种捕获物。那么究竟是哪一种呢？偶然一次机遇，让我知道了它们想要的是什么。

黎明时分，我正在门前踱步，忽然从近旁的梧桐树上掉下个什么东西，还发着"吱嘎吱嘎"的刺耳声响。我马上跑过去。原来，一只螽斯正在掏空一只蝉的肚子，那蝉已是身陷绝境了。任凭蝉在那里划动爪子，挣扎喊叫，螽斯却紧抓住不放，把头探进对方胸腹深处，一小口一小口地摘除五脏六腑。

我明白了：袭击发生在树上，时间是一大早，此刻的蝉正处于休息状态；被活活解剖的不幸者突然一跳，于是乎，擒拿者和被擒者抱作一团，从树上跌落下来。那以后，我又多次碰见了同样的屠杀场面。

我甚至看见过，一身是胆的螽斯蹿上前去，尾追没头没脑夺路飞窜的蝉，此情此景，犹如苍鹰在空中尾追云雀。这一回，打劫成性的鸟类，可不如昆虫。鹰是向比自己弱小的对象发难；这飞蝗则相反，它所突袭的是比自己大得多，强悍得多的庞然大物。两种昆虫体魄悬殊，然而格斗到最后，小个子毫不含糊。螽斯有强劲的下颌作尖口钳，极少出现来不及划开被擒者的情况。被擒者没有武器，只能叫喊着挣扎。

最关紧要的是必须控制住猎物。这一点，趁猎物夜间昏睡之际行动，就相当容易做到。凡是被这残忍的螽科昆虫夜巡时撞见的蝉，无一不可怜地断送性命。现在我明白了，万钹齐喑①已经很长时间，深夜不该再有鸣响，为什么还时而从树冠里突然传出"吱嘎吱嘎"的哀号。那是身裹淡绿衣装的强盗，刚刚蹿上去咬住了初入梦乡的蝉。

我那些食客的菜单找到了：今后就喂它们蝉。它们果真觉得这道菜非常可口，只消两三个星期，笼中空场就变成了停尸场，死蝉的脑袋、空胸壳、离体翅膀和脱节肢爪，比比皆是。只有肚子不见了。肚子是块好肉，虽说营养不高，但味道看来一定很不错。

的确，蝉的嗉囊里收集着糖浆，那是它用自己的木工钻，从鲜嫩的树皮层里钻出来的甜树汁。是否为了这蜜饯的缘故，猎物的腹部赢得捕猎者的偏爱，致使捕猎者不惜舍弃其他的部位呢！这很有可能。

为了使饮食多样化，我还贸然向它们投喂了甜果类食物，包括梨块、葡萄珠和甜瓜碎片。结果，没一样不合口味，螽斯们交口称赞。绿螽斯就和英国人一样，酷爱配有果酱的牛排。也许这恰恰可以说明，为什么螽斯捉住蝉后急于剖开的是大肚子：因为从那里，可以获得美味肉加甜食的配制食品。

这种甜味蝉肉，不可能是所有地方的食用品。北方的绿飞蝗非常多，然而，此类昆虫在我们这里吃起来没够的美味，在北方恐怕是找不到的。那里的绿飞蝗，应当拥有别的食物来源。

为使我的想法得到证实，我给绿螽斯投喂细毛腮角金龟，这是在夏季用来顶替春季腮角金龟的一种昆虫。这种鞘翅昆虫一投入笼子，便被不加迟疑地接受了，而且吃得只剩下鞘翅、脑壳和足爪。再投喂华美而肉肥的松树腮角金龟，

___
① 钹：作者将雄蝉腹下发声器的一对半圆形护壳称作"一副钹"，并经常使用这个形象化的称呼。

同样颇受欢迎。到第二天察看时，这奢华的食物已经被我那群屠宰班的士兵们开了膛。

这些实例很能说明问题。它们证明，螽斯是嗜虫成性的食品消费者，尤其喜欢吃外层保护壳不太坚硬的昆虫。它虽然特别爱吃肉食，却不像螳螂那样嘴刁，螳螂是非猎获物不吃的。专事屠蝉的刽子手，懂得用植物来调剂热量成分过高的食谱。肉和血之外，还要再配上水果甜渣；甚至有的时候，实在找不到更好的东西，配上点儿草类也可以。

尽管如此，同类相食的现象依然存在。诚然，螳螂那里频频发生的野蛮行为，我的飞蝗笼里是看不到的，没有那类叉住情敌或吞吃情侣的现象。然而，如果笼中哪位虚弱者倒下了，那么，幸存着的同类们便一会儿也不耽搁，及时将尸体派上用场，就像对待普普通通的猎物一样。食物匮乏这理由是不能成立的，可它们偏要用死去的同伴充填肚子。倒也是，所有有刀类昆虫[2]，都程度不同地表现出以跛瘸同伴为食的癖好。

这个话题就说到这儿，现在还是来看我的螽斯吧。它们非常和睦地在钟形笼下过着和平共处的生活。它们从来不发生凶狠的吵闹，充其量只在食物问题上出现少许争执。我刚才投放了一块梨，立即有一只飞蝗在上面耍起威风。它惟恐梨块被别人夺走，在那里尥起蹶子，把任何前来啃咬可口食品的同伴蹬开。个人主义哪儿都有。肚子饱了，位子让给下一位，下一位又是个容不得他人的家伙。就这样一位接一位地，全体笼中动物都到这儿来下了馆子。吃饱以后，大家用大颚尖搔搔脚掌，用蘸了口水的湿爪子把额头、眼睛擦得锃亮；接下去，要么用爪子抓在粗麻布片上，要么俯身卧在沙土上，一个个摆着沉思冥想的姿势，悠然惬意地消消食儿。白天里，大部分时间都用来休憩，特别是气温最高

② 有刀类昆虫：指雌性腹端生有细长刀剑形产卵器的昆虫。

的那几个时辰。

　　到了傍晚太阳落山后，众螽斯才群情振奋起来。晚上九点钟光景，活跃气氛达到高潮。大家以爆发般的冲动爬上圆顶，然后又以同样的急躁性情爬下来，接着还要再爬上去。同伴们你来我往，一片嘈杂。有的在环形跑道上奔跑，蹦跳，应接不暇地把一路撞见的艳情韵事收入眼底。四下里到处有发着尖叫的雄螽斯，它们站在一旁，用触须挑逗过路的雌性。未来的母亲们，神态严肃地散着步，身后拖提着那把大刀。坐卧不安、心急火燎的雄性们，现在要干的头等大事就是交配。有经验的人只要看上一眼，

就能猜透它们的心思。

　　这个情况也是我的重要观察课题，我的愿望得到了满足；但仍未完全满足，因为接下去的事情，时间拖得太晚，致使我没有能赶上婚事的最后一幕。那一幕，要等到深更半夜或者一大清早，才会上演。

　　我仅仅看到了冗长序幕中的一个片段。热恋中的一对情侣，几乎是头碰着头地对脸站在那里，互相长时间地触摸，彼此用柔软的触须向对方探话。你会以为眼前的是两位不愿劈杀的剑场对手，正一次又一次地把恋和的花剑搭在一起。每隔一段时间，雄性鸣叫片刻，可那琴弓刚简单拉了几下就停下来，恐怕是激动得拉不下去了。时钟敲响十一点，倾吐衷肠的场面仍未结束。实在遗憾，我已经困倦难忍，无奈只好放弃了那对夫妇。

　　第二天上午，雌螽斯产卵管根部的下方，挂上了一个怪玩艺儿，那是盛着生命种子的口袋。其形状像个乳白色的细颈瓶，体积有一只天平砝码那么大，隐约隔成数量不多的几个长圆形囊泡。当这雌虫行走的时候，细颈瓶擦在地皮上，被沾上去的沙粒弄脏。过了一会儿，它开始用能够使自己受孕的细颈瓶大摆筵席，慢条斯理地把里面的物质吸干；然后猛地一下咬住剩下的薄皮囊，长时间反复咀嚼这带黏性的残留物，最后全部吞咽下去。不到半天工夫，乳白色的累赘不见了，连最后一粒细末都被津津有味地吃进肚里。

　　这种难以想象的吃筵席法，仿佛是从外星引进的，与地球上的做法大相径庭。蝗科昆虫是个多么奇异的世界啊。它们既是最古老陆地动物界的一种动物，又如同蜈蚣和头足纲昆虫一样，是迟至今日仍因袭古代习俗的一种具有代表意义的实例。

[原著第6卷《绿螽斯》一文节译]

蝗虫也是美食

如果说世上有不杀生、少风险、老少咸宜的狩猎活动，毫无疑问，那就是捉蝗虫。蝗虫让我们度过了多么有趣的午前时光啊！幼虫发育成熟，身体变黑的时候，我的助手们去灌木丛就能捉住几只，此时此刻的心情是多么美妙！坡面草地被太阳晒得发焦，在上面长时间徒步行走的感觉是多么令人难忘！我本人会久久记住这一切感受，我的孩子们则会保存住对蝗虫的回忆。

捉住蝗虫后，我向它提出的第一个问题就是："你们在田野里充当什么角色？"我知道你们名声不好，书本上说你们都是害虫。你们应该受这样的指责吗？恕我冒昧，本人表示怀疑。毋庸讳言，我要说的，不包括那些在东方和非洲肆虐成灾的可怕毁灭者。你们都背上了饕餮之徒的坏名声。我却觉得，如此饕餮之徒，其利远大于弊。据我所知，我们这一带的农民从来没有埋怨你们。他们能指控你们损害什么呢？绵羊不愿吃植物上的针刺，它们啃不了，可你们却把它啃掉了；你们更喜欢在农作物与农作物之间的长势旺盛的杂草；你们吃其他任何动物都不吃的不结果实的植物；你们强健的胃能让你们利用不可吃的东西维持生命。就算你们确实光顾农田，可你们在那里出现的时候，惟一还能吸引你们的东西——麦子早就成熟，早已收割。即使你们进菜园干了坏事，也够不上罪恶滔天，只不过是咬坏几片莴苣叶而已。

以一畦萝卜地作衡量事物重要性的标准，这种做法不可取。不能本末倒置，为无关大局的细节而忘掉根本。为了保住几个李子，目光短浅的人有心打乱整个宇宙秩序。如果让这样的人去治理昆虫，那么他所能谈的，充其量只有毁灭二字。

幸亏这种人没有，也永远不会有这种权力。随便举个例子，看看被指控偷了地里一点儿东西的蝗虫彻底消失后，会给我们造成什么样的后果。

九月、十月，小孩两手各握一根竹竿，赶着一群火鸡来到麦茬地。火鸡发着"呴咕呴"声四处走动，所到之处，都是干旱旷野和燥热阳光，最多只能看见一簇顶着最后几个绒球的矢车菊。这些感到肚子有点儿饿的火鸡，到这荒凉地界来干什么？

它们是想在这儿吃得胖起来，好能端上圣诞节的家庭餐桌。在这里长出的肉，肉质结实，肉味鲜美。那么请问，它们吃什么？吃蝗虫。圣诞之夜要吃那么多烤出来香味诱人的火鸡，其中一部分，就是靠这种分文不花的天赐美味野食儿喂起来的。

家养珠鸡在农场四周巡游，它正不停地寻找什么？你说找麦粒，当然没错。但告诉你，它首先是要找蝗虫。蝗虫能让珠鸡腋下长出一层脂肪，这样的鸡肉更有滋味。

母鸡也喜欢吃蝗虫。它深知这种美味野食儿会增强自己的生殖力，促使自己多产蛋。把母鸡从鸡窝里放出来，它一定带小鸡们去麦茬地。如果能四下走走，小鸡就有营养价值极高的补充食品吃了，那就是蝗虫。

家禽如此，其他动物更是如此。如果你是猎手，如果你喜欢法国南部丘陵特产红斑山鹑的美味，那么你把刚打到的红斑山鹑的嗉囊剖开，就可以在里边找到证据，证明这背上骂名的昆虫作出了怎样的奉献。十只山鹑中，九只的嗉囊装满蝗虫。山鹑特别爱吃蝗虫，只要有蝗虫，它宁肯不吃植物籽也不能放过蝗虫。假如这种营养足热量高的美味一年到头都有，山鹑恐怕就记不起还有什么这籽那籽了。

图斯内尔先生热情赞美过一类驰名的黑足飞鸟,我们就看看这类鸟吧。它们当中最有名气的是普罗旺斯的一种白尾鹡。时至九月,鹡已肥,穿成串烧烤非常好吃。为了弄清各种鸟的食性,我捕到鸟以后,就把它们胃肠里的东西记录下来。这种鹡的菜单是这样的:排在首位的是蝗虫;其次是各种鞘翅昆虫,诸如象虫、砂潜、叶甲、龟甲、步甲;尔后是蜘蛛、赤马陆、鼠妇、小蜗牛;最后,也就是见得最少的,是血红色的欧亚山茱萸和树梅浆果。

可见,这种食虫鸟几乎是找到什么野味就吃什么野味,只有实在找不到好吃的了,才吃浆果。我笔记本上记录了它的四十八种食物,其中只有三种是植物,而食用频率最高、数量最大的则是蝗虫。它总是拣那些吞咽得下去的小蝗虫吃。

其他一些小候鸟也是这样。秋天来了，它们在普罗旺斯稍作停留，让脂肪在身体末端积存下来，以备在朝圣之路的漫长旅途中消耗。蝗虫是营养丰富的口粮，它们都喜欢吃。它们飞到撂荒地和休耕地里，盯住蹦蹦跳跳的小虫，争先恐后地啄食，为飞行储备能量。这蝗虫，正是小候鸟们秋天长途迁徙时能一路保佑自己的"吗哪"[1]。

---

[1] 吗哪：犹太教圣经用语的音译词，意为"天粮"。传说，古代以色列人出埃及，抵迦南，旅程四十年，其间上帝不断显圣，为以色列人提供可以充饥的东西。后犹太人称这种天赐食粮为"吗哪"。

人也吃蝗虫。都玛将军提到过一位阿拉伯作家的著作《大沙漠》，该书有这样一段文字：

蝱斯是人和骆驼的好食物。新鲜的和经过保存的都能吃。可以去掉它的头、翅膀和肢爪，烤熟或者煮熟，就着古斯古斯②一起吃。

蝗虫晒干碾碎，加牛奶，掺面粉，放盐，然后用食油或牛油炸着吃。

蝗虫炒干，或者放在热炭块儿之间的空当里烤干，骆驼很喜欢吃。

麦利安③请求真主给她一块没有血的肉吃，真主就把蝗虫送给了她。

有人用蝗虫作礼物，献给先知的妻子们。她们把蝗虫放在篮子里，送给别的女人。

一天，有人问欧麦尔哈里发④是否允许吃蝗虫，哈里发回答："我想吃它满满一篮子。"

鉴于这些事例，完全可以相信，蝗虫是真主赐给人类的食物。

我还到不了这位阿拉伯自然学家⑤的地步。人要吃蝗虫，必须有一副非常强健的胃，而这样的胃可不是人人都有。我只能说，蝗虫是老天爷赐给众多鸟类的食物。我检查过好多种鸟的嗉囊，它们证明了我的观点。

还有许多动物，尤其是爬行动物，都喜欢吃蝗虫。普罗旺斯小女孩害怕一

---

② 古斯古斯：北非人一种麦粉裹佐料的食物。
③ 麦利安：阿拉伯人对圣母玛丽亚的称法。——法布尔原注
④ 欧麦尔哈里发：古代伊斯兰教国家称政教合一的领袖为哈里发；欧麦尔（约公元581—644）是伊斯兰教历史上的第二代哈里发，是政治、军事强人。
⑤ 自然学家：常译作"博物学家"。原词naturaliste含双重概念，一指自然界矿、植、动物的研究者，一指自然界矿、植、动物标本的采集者。前者宜称"自然学家"，后者可称"博物学家"。法布尔采用前一概念。

种叫"拉萨多"的四脚虫，它是眼斑蜥蜴，喜欢待在被烈日晒得像烘箱一样的石堆里。眼斑蜥蜴的大肚皮，给我们提供了相关证据。此外，我曾多次在墙上看到一种土灰色小壁虎，小嘴里叼着的昆虫残骸，正是它经过长时间窥测后捉住的一只蝗虫。

鱼如果很幸运，能吃到蝗虫，甚至连它也一定高兴不已。蝗虫跳跃并无明确目的，随便一跳，落到哪儿就是哪儿。不定哪一跳落到水里，鱼就一下子把这溺水者吞进肚里。这种美味有时会要它的命，因为钓鱼人也用蝗虫做鲜美的钓饵。不必再举动物吃蝗虫的大量实例，我已经非常清楚，蝗虫确实大有用处。经过几度迁回，蝗虫把没什么营养的禾本植物变成优质野味，再将这野味转交给精于美食的人类。我欣然同意阿拉伯著作家说的话："蝗虫是真主赐给人类的食物。"

我们通过食用山鹑、火鸡和其他许多动物的方式，间接吃到蝗虫。任何人都不会不念蝗虫的好。只是有一点不好说：那就是直接吃蝗虫的问题。人，大概不喜欢直接食用蝗虫。

野蛮焚毁亚力山大图书馆的强大的哈里发——欧麦尔，看法与此不同。其人脑与胃俱糙，所以能说出"想吃满满一篮子"这样的话。

在他之前，早已有人认为蝗虫十分可口，但那是因为当时饮食粗糙。早在身裹驼毛粗线衣的约翰、希律⑥时代，那位最先传播好消息的伟大鼓动者约哈斯，在沙漠中正是以蝗虫和野蜜为生。《马太福音》就是这么告诉我们的："吃的是蝗虫和野蜜。"

野蜜我认识，就连石蜂的蜜罐里也能找到，完全可以吃。至于那沙漠里的蚱蜢类昆虫，也就是蝗虫，本人还没吃过。就像所有小孩一样，我小时候也生

⑥ 约翰、希律：前者为《新约》中的犹太先知，后者（公元前73—公元前4年）为犹太国王。

嚼过蝗虫的腿，觉得味道不错。今天咱们提高提高档次，尝尝欧麦尔和圣施洗约翰的菜肴。

我抓到一些肉质肥厚的蝗虫，涂上一层牛油，撒上盐，简单煎一煎，晚餐上分给大人和小孩们吃了。大家没觉得哈里发的佳肴不好吃，说比亚里斯多德吹嘘的蝉好吃得多，还真有点儿虾的味道和烤螃蟹的香味儿。是这样，虽说可

吃的肉质很少，但不至于硬得不能吃，我甚至可以说它味道鲜美。不过，我是不想再吃了。

就这样，在自己自然学工作者那股心气的引导下，我吃了两道古代菜肴：蝉和蝗虫。我不太喜欢这两道菜。这两份佳肴，还是该转让给颚骨粗壮的黑人，以及哈里发那样以胃功能强著称的人士。

虽然我本人的胃娇嫩，但丝毫不能削弱蝗虫的优点。这些草地上的小家伙，扮演着食品加工厂里的重要角色。它们成群结队，大量繁殖，在贫瘠的旷野中觅食；它们把无用的东西，变成有用的食物，供为数众多的消费者享用；消费者中首屈一指的是鸟，而人则又常常吃鸟。

有人认为：所有这些过时的东西，诸如牛羊、麦粒、水果、蔬菜一类，总有一天都会消失；人类进步，就是要进步出个这样的前程。化学蒸馏釜在呼应这断言，它藐视一切，不承认天底下有造不出来的东西。

靠人工方法固然可以获得一口简单而确有营养的质料，但那已完全是另一回事了。蒸馏器从来没有蒸馏出像牛羊、麦粒、水果、蔬菜这样的产品。毫无疑问，在食物问题上，未来不会胜过今天。真正的食物，只有那些无法在实验室中化合出来的有机物。生命才是制造食物的化学家。

因此，我们将明智地保存农业和牛羊。我们还是要依赖动物、植物，靠它们的耐心工作为我们制备食粮。我们不要轻信粗暴的工厂作业，却要坚信生物性的细腻方法。自然，我们此时尤其要信服蝗虫的大肚子，它们万众一心地制造出圣诞晚餐上的小火鸡。

[原著第6卷《蝗虫的角色和发声器》一文节译]

狼蛛母亲的执著

LANGZHUMUQIN
DEZHIZHUO

小小意外收获，有时却帮上大忙。八月初的一天，孩子们在荒石园①深处叫我过去。他们高兴得不知如何是好，为的是刚刚在迷迭香下面发现了蜘蛛。这是一只狼蛛，而且很不错，鼓胀着肚皮，一看就知道要产卵了。

好奇的孩子们围着狼蛛，看它正拼命吞吃什么东西。什么东西？原来是个头儿较小的一只狼蛛的尸体。婚礼已进入悲剧性的尾声。

情妇吞吃完了情夫。我亲眼看着婚礼在极其恐怖的气氛中结束。罹难者的最后一块残骸被嚼碎后，我把可怕的胖女人囚禁在扣着纱罩，装满沙土的罐子里。

十天后，一大早，我去看望它，刚好见它在做分娩前的准备工作。一块巴掌大的沙土上，已经预先织出一张地网。丝网织得很潦草，不成型，不过已牢牢固着在地面。雌狼蛛即将在这张产床上分娩。

接着，它又在这张沙地网上面织出一块圆形台布，面积与一枚两法郎的硬币相当，材料是上等白丝。它的大肚子一抬一落、一左一右地摆动着，末端拉着丝；与此同时，整个肚皮像原地匀速转动的齿轮那样，以一个点为中心缓慢移动；每转一圈的过程中，肚子末端都不忘使劲儿探到最外圈固定点，最大限

---

① 荒石园：法布尔在他五十六岁时，在南方小镇塞里尼昂附近购得一处带一幢旧房的生荒地，并为自己这既能生活又能从事研究的小园地取了个雅号叫"荒石园"。

度地发挥自身的机械功能。

圆台布织好后，它绕着半径比台布更小的圈子移动，再以同样的技术织出一片小圆垫。圆垫有了中央略显凹陷的圣盘模样后，盘底一带不再铺丝，接下去只需加厚丝盘的边缘。久而久之，圆垫变成了带平面宽边的半球形小圆盆。

现在该产卵了。黏糊

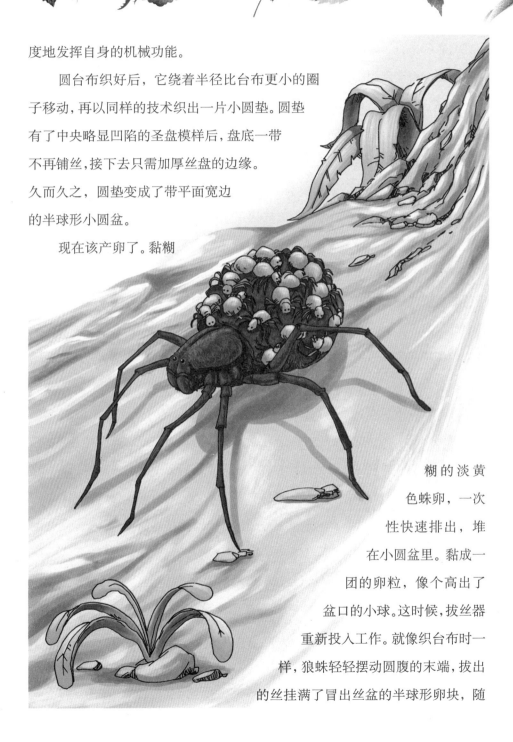

糊的淡黄色蛛卵，一次性快速排出，堆在小圆盆里。黏成一团的卵粒，像个高出了盆口的小球。这时候，拔丝器重新投入工作。就像织台布时一样，狼蛛轻轻摆动圆腹的末端，拔出的丝挂满了冒出丝盆的半球形卵块，随后把它罩起来，而后把它扣起来。最后再看用圆台布铺就的圆地毯，正中心仿佛镶嵌上一粒溜圆的白色弹丸。

尚未派上用场的肢爪，现在开始工作。它们钩住将圆地毯固定在粗糙地网上的丝线，一根一根地扯断。接下来，再夹住圆地毯，慢慢将它掀起来，与地基完全分离。最后，丝毯包在丝球的底半球上，压得扎扎实实。

下一步工作很辛苦。先撼动整个建筑，拆除沾上沙土的地板，然后用足爪迅速清理掉不干净的零碎。总之，狼蛛利用强有力的肢爪，摇撼，拉拽，拔扯，终于把卵袋搂过来，得到干净利索、移动自由的一袋蛛卵。

这是个白色的小丝球，摸上去轻薄柔韧，大小像一粒普通的樱桃。沿着小球体的赤道线仔细查看，能发现一圈皱痕。用针尖轻轻拨挑，皱痕上连丝线断头儿都没有。这一圈粗粗看去与球体表面浑然一体的折边结构，正是包在底半球上的那块丝垫的边缘。小狼蛛们将从顶半球出世，因为顶半球不那么结实，只是排卵后赶制的一层不厚的织物。

第二天，我又见到那只蜘蛛，它已经把自己装满卵的圆袋系在了身后。

从今以后，直到蛛卵孵化结束，雌狼蛛都不会离开自己这心爱的包袱。凭借一条短短的丝质韧带，包袱被拴挂在纺织器上拖着走，一晃一晃的。雌狼蛛拖带着磕碰脚后跟的包袱，自己的事一样也不耽误。它赶路；它休憩；它寻找猎物，发动攻击，将其吞食。包袱意外脱落，当即拴挂复位。纺织器随便在圆袋某个部位涂一下，脱离点马上黏牢。

狼蛛不喜欢出门，出门也只是为了去洞穴附近的捕猎区，捕捉从自己围场穿行的猎物。可到了八月底，却常看见它流浪，拖着包袱做冒险旅行。它那里漂泊不定，四处游走，让人想到它是在寻找一处理想的住所，一处别人废弃不用而又不易被别人发现的住所。

八月结束前，用麦秆儿在那些雌狼蛛选中的洞穴里轻轻搅动，能从每个洞穴里都引出一只拖着包袱的雌狼蛛。所以说，我想要多少只狼蛛，都可以轻而易举地弄到。用这些雌狼蛛，我可以做一些非常有趣的实验。

眼前场面，值得一看。雌狼蛛从早到晚，不论睡着还是醒着，都形影不离地拖着宝贝，时时刻刻地保护着宝贝，而且表现出一种令人生畏的勇猛。我试着从它身上摘走那个袋子，它就拼了命地把袋子紧紧护在胸前，死死抓住我的镊子，狠狠地用毒牙咬，发出尖牙磨擦铁器的声音。幸亏我手里拿了工具，否则，它绝对不会让我不付点儿代价就得逞。

我用镊子夹住袋子晃动，把它从愤怒的保卫者手中夺下来，将另一只狼蛛的卵袋扔给它。它立刻用爪子钩过去，抱起来，悬挂在纺织器上。对狼蛛母亲来说，不管是别人的还是自己的，是这么个袋子就行。它得意扬扬，拖起别人的包袱就走了。这是我事先准备好的卵袋，和用它调换下来的卵袋属于同一品种。

我再换一只狼蛛，做另一项实验，结果引起了更令人吃惊的误会。我夺下狼蛛的卵袋，换上一个圆网蛛的卵袋。两种卵袋的布料、颜色和柔软程度相同，可形状却大有不同。夺下的真品袋子是个球体，换上的是个圆锥体，底边一圈是放射状的鼓突棱角。狼蛛没有注意这种差别，奇形怪状的袋子一下子就粘在自己的拔丝器上。它现在心满意足，仿佛丢失的卵袋又找回来了。这卑劣的实验手段，只暂时对狼蛛起到作用，但效果不能持久。孵化期来临，狼蛛抛弃了怪袋子，从此不再关心它。

我们进一步测试这个背褡裢的有多愚蠢。我夺下一些狼蛛的卵袋，分别发给它们一个小软木球。这些小球是我用锉刀草草锉出来的，形状根本不圆，只是体积与狼蛛卵袋相同。木球与丝袋存在不小差别，却全部被狼蛛不假思索地接受了。狼蛛长着宝石般雪亮的八只眼，总该发现自己搞错了。但蠢家伙根本不介意，爱怜地搂抱软木球，用触须抚摩着，又拴挂在纺织器上。这之后，雌狼蛛一时一刻不放松地拖带着小木球，就好像依旧拖带着自己的那个真袋子。

我们请另一只狼蛛，在真假之间做一次选择。真品狼蛛小球和软木球，同时放在大口瓶里的沙土上。狼蛛能认出哪个小球是它的吗？这蠢家伙办不到。它猛地一下冲过去，胡摸乱扒，一会儿触碰自己的小球，一会儿又触碰我骗它用的小球。第一个被抓住的，就算被选中了，立刻被挂在身后。

我又增加几个软木圆块，也就是把夺下的那个真品小球和四五个软木小球混放在一起，结果，狼蛛得到的往往不是自己的卵袋小球。它根本不调查，也不选择，随便抓住一个留在身边，绝对不问孰优孰劣。人造小球那么多，狼蛛抓到它们的几率也最高。

狼蛛之愚蠢，令我感到困惑。这家伙这么容易上当，是因为软木摸起来有软的感觉吗？我用线缠绕棉团、纸团，制成小球，以此取代木质球。结果两种新材质小球又都被轻易接受了，我夺下来的真品小球被弃置一旁。

颜色因素在起作用？实际上，金黄色的软木，颜色像被泥土弄脏的丝球；洁白的纸和棉，颜色反而和干净卵袋的原色相同。

　　这一次我选用了带颜色的东西，一个红颜色的线团，替换下狼蛛的卵袋球。这个显然与众不同的小球也被它接受了，而且被小心翼翼地保护起来，受到了不亚于卵袋小球所受的呵护。

　　让背着包袱的雌狼蛛们安生下来吧，我们对这弱智群体已经有了足够了解。等到九月的上半月，可以再了解孵化情况。大约二百只小狼蛛，从小丝球里钻出来。一出来就往雌狼蛛背上爬，上去后一动不动，紧紧挤在一起。雌狼蛛背上整整一层，都是密密麻麻的鼓肚皮和细爪子。这是件由小生命结成的斗篷，斗篷之下的母亲已面目全非。孵化完成后，已无价值的包袱皮从纺织器上解下来，遗弃掉。

　　小狼蛛们很懂事，规规矩矩，原地不动，丝毫不想挤占身边兄弟姊妹的地盘。它们安安静静地待在那里，图的是什么？噢，原来是想和负鼠的孩子们一样，不乱动才好被稳稳当当地驮着走。在洞穴里面，它们长时间地沉思冥想；天气暖和时，它们在洞口晒太阳。来年开春以前，狼蛛母亲是不会脱掉这件"斗篷"的。

　　有时我也在冬季最冷的一二月份，到野外去挖狼蛛洞。下雨，下雪，结冰，洞口建筑的支撑结构常遭到破坏，我此时去狼蛛家，在里面找到它，看到它还是那么充满活力，始终把孩子们驮在背上。这种背驮育婴法，至少持续使用六至七个月。著名的美洲搬运工——负鼠，也是在背上驮孩子。然而，负鼠妈妈几个星期后就解除对它们的监护，这比狼蛛妈妈可逊色得多。

　　小狼蛛在母亲背上以什么为生？依我看，应该是什么也没吃，因为它们根本没有见长。它们从卵袋里出来时就那么大，当好长时间后它们解除监护时，我再次见到它们，它们的身体还是那么大。

　　冬季里，狼蛛母亲很能自我节制。大口瓶里的狼蛛，隔很长时间才得到一只姗姗来迟的蝗虫，是我从阳光充足的蝗虫庇护所里给它抓来的。为了保持活力，也就是隆冬时节被我挖出来时仍能看到的那股活力，自然状态下的雌狼蛛必须时常中断节食，到外面寻找猎物。当然，它此时此刻依然没有脱掉那件"斗篷"。

远征肯定有危险。被一束草轻轻扫到，小狼蛛也会跌落在地。跌下来后怎么办呢？母亲会不会为它们担心，帮它们重新爬到自己背上？绝对不会。狼蛛母亲的慈爱分配给几百只小狼蛛，它们每人得到的只能是极小的一部分。背上的孩子摔下去一个也好，六个也罢，就算一个不剩，母亲也几乎不管它们。它无动于衷地站在那里，等着孩子们自己克服困难。话说回来，其实孩子们都会克服困难，而且行动异常迅速。

我用刷子对付一位寄宿在大口瓶的雌狼蛛，把它的全家都扫下来。这位母亲并没有惊慌失措，也没有四下寻找。摔下去的小狼蛛在沙地上快跑几步，从各个方向赶回母亲身旁。不管哪一边，都有母亲向外伸出的一条腿，它们抓住它就顺杆爬。很快，母亲背上又重新集结起失散了的群体。所有成员全部到齐，一个不少。狼蛛子弟精通杂技，做母亲的用不着为它们坠落而惊慌。我用刷子把一只狼蛛的孩子们扫下去，让它们落在另一个背着孩子的狼蛛周围。它们落地后，迅速攀着别人母亲的腿，爬到它背上。新母亲显得很乐意，好像它们就是自己的孩子。

正常情况下，专供孩子们栖身的是背上场地，然而常规场地已被新母亲自己的孩子占据。入侵者们只管往新母亲身上爬，贴满它的前胸，扒满两侧胸廓。负重体此时变成一个可怕的球，已经没有了蜘蛛的形儿。不堪重负的狼蛛母亲，对额外增加的孩子毫无怨言。它，接纳了它们。它背着抱着挂着它们，带着它们周游世界。

[原著第8卷《纳尔包讷狼蛛》一文节译]

幼蛛倾巢而"飞"

YOUZHUQING
CHAOERFEI

五月，我在荒石园的一株丝兰上发现了圆网蛛的孩子。这株植物去年开过花，已经完全干枯的花簇依然留在柱头。多分权的花柱一米见高，苍绿的剑形叶上爬满刚孵化出来的两窝圆网蛛。小家伙们一身暗黄，尾部有一个三角形的黑斑。它们背上大概还会长出由三个白十字构成的图案，那时候就可以完全肯定，我发现的这群孩子属于王冠圆网蛛，而不是彩带圆网蛛。

当阳光照射到园中这块小天地的时候，两群小圆网蛛中的一群格外激动，就像好动的杂技演员，一只接一只爬上花柱顶端。它们在上面走动片刻，忽然又乱作一团，迅速返回，原来是一阵微风吹过，搅扰了小蜘蛛们的活动。它们后来的动作我没有看清，只觉得它们一只接一只地从花柱上出发，猛地一跃而起，仿佛是飞了出去，就像长着翅膀的小飞虫。

小蜘蛛们从我的视野中很快消失，我却根本没看清这奇怪的飞行是怎么回事。在热闹的露天环境进行观察，很难做到全神贯注，看来非要在能静下心来的安静的实验室里不可。

我把另一窝小蜘蛛装进小盒，迅速盖严盒盖，带回动物实验室，放在窗台前一张离窗户两步远的小桌上。刚才见到的情形提醒我，小蜘蛛有爬高的癖好，于是我为准备了半米长的一捆细枝，作为它们的爬高器械。小蜘蛛倾巢出动，急匆匆爬上细枝，一直爬向高处，眨眼工夫便一个不落地全部抵达顶点。此后发

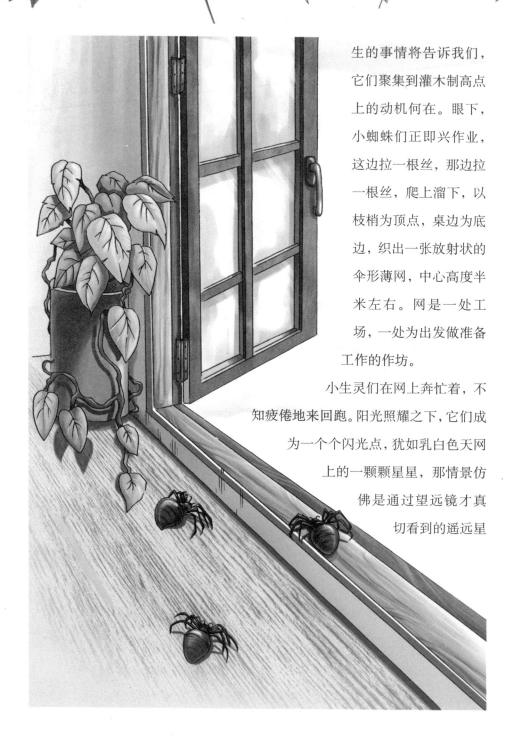

生的事情将告诉我们，它们聚集到灌木制高点上的动机何在。眼下，小蜘蛛们正即兴作业，这边拉一根丝，那边拉一根丝，爬上溜下，以枝梢为顶点，桌边为底边，织出一张放射状的伞形薄网，中心高度半米左右。网是一处工场，一处为出发做准备工作的作坊。

小生灵们在网上奔忙着，不知疲倦地来回跑。阳光照耀之下，它们成为一个个闪光点，犹如乳白色天网上的一颗颗星星，那情景仿佛是通过望远镜才真切看到的遥远星空。无限小和无限大的景观，看上去竟相差无几，有这种感觉是因为距离在起作用。

这团注入生机的混沌星云，不是由静止的星星构成的，点点星光在不停地移动。小蜘蛛们在网上奔走不息，不时有同伴吊在丝头儿上摔滚下来，靠自身重量把细丝从拔丝器里拉出来；然后又摸着这根搭垂在网上的细丝迅速爬上去，一路把它固定在几个点上。接着它们又摔滚下来，再拉出一根长丝。其余小蜘蛛只管在网上快步行走，看样子同样是在参与织网工作。

原来如此，丝不是从产丝器里流出来的，而是要使点儿劲儿拉拽出来。一句话，丝要拔出来，并非射出来。为了出一点儿细丝，蜘蛛必须反向移动，从而形成拉力。它要么靠悬空坠下，要么靠拖拽行走，就像绳匠要后退着搓麻绳。网上活动是在为下一步的疏散行动做准备，犹如旅行者在准备行囊。

没过多长时间，几只小圆网蛛开始从小桌向敞开的窗户疾步跑去。采用的是紧急小步的动作，可身体却浮在半空，难道它们脚下踩着什么东西吗？碰巧某个角度合适，我可以看见小家伙身后拽着一根闪光丝线，闪现一下就消失了。再仔细看，才发现小蛛身后的确有一根细丝，而它与前方的窗户之间则什么也没有。

我上下左右一番搜索，一无所有；变换着角度仔细观察，仍没发现任何可供小虫落脚的支撑物。小家伙们空中划桨的动作，不禁让人想起被捆住双脚的小鸟振翅前冲的形象。

但这毕竟只是一种假想，飞是不可能的。对于蜘蛛来说，必须有一座桥它才能跨过这片开阔空间。这座隐形桥我看不见，但总可以毁掉它吧。我用棍子在跑向窗口的蜘蛛前面空劈下去，啊，不必再劈第二下，小精灵当即停止前进，坠落下来。看不见的天桥断了。我的助手小保尔，也就是我的儿子，已被小棍的魔力惊呆。尽管他一双眼睛雪亮，也没能看到小蜘蛛前面有什么可赖以行走的支撑物。

然而，蜘蛛后面仍可以看见那根丝线。前方细丝看不见，后方细丝看得见，这种差异不难解释。蜘蛛为了前行，还拉出一根细丝作保险带，对随时可能掉下来的走钢丝演员起某种保护作用。它身后实际上有了两股丝线，因为略粗一些，所以能够看见。它前面的是一根丝线，所以几乎看不出来。这根看不清的丝线，显然不是小蜘蛛抛过去的，而是风的气流带过去的。凭借这样一根细细的长丝，圆网蛛可以飘荡在空中，哪怕再弱的风力，也能把它带起来。在它远走高飞的同时，这根经过精心设计的专用飘丝会继续拉长，就像从烟斗里冒出的不会间断的青烟。

飘丝无论碰到周围的什么物体，都能固定在上面，于是一座天桥架好，小蜘蛛可以不再飘荡，只管迈步行进即可。据说，南美洲印第安人是借助垂藤荡

过山间深涧的；而小蜘蛛呢，却是踏着看不见桥身、测不出桥长的天桥跨越了空间。

带动飘丝所需的风是如此微弱，我几乎感觉不到它的气流。然而看见我烟斗里冒出的青烟正沿着一个方向缓缓旋动飘移，我才恍然大悟。室外的冷空气从门口进来，室内的热空气从窗口出去，正是这空气的流动带起了蛛丝；而有了这飘悬的丝桥，蜘蛛便得以出发了。我关上门窗，切断气流，再用小棍把窗户和桌子之间的丝路全部截断。空气静止下来，此后再没有见到出发的小蛛。可见，空气不流动，丝线带不出去，迁移就没有可能。

时隔不久，迁徙重新开始，但行动方向是我没有料到的。火红的太阳当空高照，地板上受到阳光照射的地方温度上升，那里形成一股轻盈向上的气流。如果这股气流托起那些飘丝，我的小蜘蛛们该会爬上天花板。

这种浮升现象确实发生了。可惜的是，许多蜘蛛已经从窗口出发，剩下的蜘蛛数量不多，不够做一次时间较长的实验。我得重新做。

第二天，还是在那株丝兰上，我又抓来一窝小蜘蛛，数量与第一窝相当。准备工作照着前一天的内容重复一遍。这群蜘蛛先织了一张放射状的网，仍是从它们占据的灌木顶端开始，一直织到桌边，忙碌在这作坊里的有五六百口小移民。

小精灵们忙着为出发做准备，我也在为我的工作做准备。我关上所有门窗，让空气尽量保持静止状态。我在桌脚旁点燃小煤油炉，把手抬到蜘网的高度，在油炉上方试了试，感觉不热。炉子虽然不大，但已形成一股上升气流，应该能够拉长蛛丝，而且把它带向高处。首先要清楚气流的方向和强度，蒲公英的小绒毛伞可以当测量器材。我在火炉上方与桌面对应的区域张开手，把蒲公英绒毛放掉，绒毛缓缓上升，其中大部分都升到了天花板。照此看来，我们迁移者的细丝也应该可以升上去，甚至应该升得更容易。

　　一切就绪。我们有三个人在场，开始只看得见一只小蜘蛛向上爬升，别的什么也看不见。小家伙在空中甩开八条腿疾行，步步升高。越来越多的蜘蛛出动了，有的分别顺着不同路径往上爬，也有的沿着同一条路先后爬升。假如我们不知道谜底，肯定要被这"魔幻无梯登高"的表演惊呆。只用了几分钟，大部分蜘蛛都抵达最高之处，紧贴在天花板上。

　　并非所有蜘蛛都够着了天花板。我看到一些蜘蛛，虽在竭尽全力快速迈步，却只到达一定高度就停止前进了，甚至又在倒退。它们越拼命使劲向上，越遏制不住地下滑，每下滑一步就等于少攀了一步，甚至还等于倒退了一段路程。解释打滑的原因并不难。

　　那根飘丝没有到达天花板，是因为它出现了飘移。这种情况下，由于整根丝的下端是固定的，只要它具备一定的长度，即使是在晃动，也可以承载微型昆虫的体重。随着蜘蛛的双股保险带丝段加长，单股飘丝的长度便相应缩短，到一定程度就会出现浮力与重力持平的状况，此时小虫拼命划臂也照样停滞不前。再往后，飘丝变得更短，重力超过浮力，蜘蛛虽然仍摸着飘丝向前迈步，但它所处的位置却在后退。

　　它们一般都能抵达天花板。天花板离地面四米，小蜘蛛竟能在尚未任何进食之前，拉出一根至少四米长的丝。这根长丝，就是它们的拔丝器生产出的第一件产品。绳匠和绳子，这一切此前都包容在那么微乎其微的一个小卵粒里。用小蜘蛛特有的纺织材料加工出的产品，该是多么的精细！工厂里加工铂线，必须把材料烧红。小蜘蛛的工艺却简易得多，其拔丝厂采用的是阳光加热法，这绝招儿我们真想象不到。

　　不要让全体登高者都在登高成功后失败：找不到安身之处，大部分蜘蛛也许会死掉，因为不吃东西，它们将无法再生产出另一根丝来。我打开窗户，一股以煤油炉为源头的热气流从窗口移动出去，这信息是正朝窗口飞去的蒲公英绒毛提示我的。飘丝肯定会被这股气流带走，并能借微风之力向窗外伸展。

我拿起小剪刀，斩钉截铁地剪断几根飘动着的细丝。这些丝因为是双股的，略粗些，所以能看得见。蛛丝剪断后，出现了奇妙的一幕，吊在丝上的蜘蛛突然被户外风的气流裹挟而去，穿过窗户飞走，眨眼之间消失。啊！多么便利的旅行方式。要是那飞行器有个舵，想在哪儿着陆就在哪儿着陆，那该多好！听凭风儿摆布，可爱的小家伙们会在哪儿落脚呢？也许在几百步、几千步远的地方？但愿它们旅行成功。幼蛛群如何疏散的问题已经解决。但如果不是借助于人工方法，而是在野外完成自然疏散，情况又会怎么样呢？显然，我们天生的高空杂技演员和走钢丝演员，那些年轻的圆网蛛们，正是为了创造一个利于施展技能的足够开阔的空间，才爬上细树枝的梢头。它们各从制绳作坊里拉出一根长长的丝，任它随风飘动。太阳烤热地面，地面释放热量，缓缓上升的热气流将长丝带起，长丝随气流升力飘摆扯动，使劲儿拉拽着固定的一端，最后挣脱下端固定点的牵制，载着挂在上面的纱厂主，一起消失在远方。

[原著第9卷《幼蛛群离巢》一文节译]

肉体食粮与精神食粮

这华丽的膜翅昆虫，插着一副深紫色的翅膀，穿着一身黑天鹅绒的套装；粗糙的住宅，建筑在四下长着百里香的向阳卵石上，透着指南针和直角器般严谨、刻板的风格；宅子里的蜜蜂，又在这严谨与刻板之外，平添了几分温馨的情调。这当时看到的一切，回想起来，依然历历在目。记得看到这蜜蜂时，我一心想了解比学生所介绍的更多的情况①，于是操起一根草棍，把一个个小隔室翻了个底朝天。恰好那段时间，我们镇上的书店里正出售一本有关昆虫的绝好著作，书名是《节肢动物自然史》，作者是德·卡斯泰尔诺、埃·布朗沙尔和吕卡斯。书中有那么多的昆虫插图，令人目不暇接。只是太遗憾了，书价真吓人！好高的价码呀！然而又一想，其实无所谓：我那每年七百法郎的高收入，总不能同时解决一切需求，不能既要肉体食粮，又要精神食粮。为一种食粮多支付一笔，就得从另一种食粮的款项中扣除一笔。不论何人，只要你是把科学本身当作日常生活需要，那末你就注定得服从这种平衡法则。书，总算买了下来。可那一天，自己大学学历级别的薪水，却被足足敲诈了一笔：我为一本书而奉献出一个月的工资。一次突破精打细算惯例的惊人之举，想必能够在日后弥补某种巨大亏空。

---

① 更多的情况：法布尔当时是小学教师，学生们向他介绍这种蜜蜂后，引起了他前去观察的兴趣。

这本书被我吞了。我是说书中的文字内容。从书上，我知道了那种黑蜜蜂的名字；我平生第一次读到对昆虫习俗的详细描写；我看到字里行间闪现出雷奥慕尔、于贝和杜福尔②家族的姓氏，这些令我肃然起敬的人名仿佛都罩着金灿灿的光环。当我第一百遍翻阅这部著作时，觉得从心底传出一句喃喃细语："你也能行，你一定会成为虫子的历史学家。"可接下去，耳边仿佛又响起另一个声音："一派天真幻想，您也太狂妄了！"啊，还是撇开这甜蜜与苦涩掺半的回忆吧，以便我们把注意力集中到黑蜜蜂的行为活动上来。

[原著第3卷《垒筑蜂》一文节译]

---

② 雷奥慕尔、于贝、杜福尔：这些人都是昆虫学家。

《昆虫记》境界·法布尔理想

—— 致少年读者

　　明天是国际儿童节，首先替法布尔老人问候中国小读者。法布尔一贯重视儿童教育，保护儿童少年的创造精神，主张青少年应得到身与心的全面发展。他珍视孩童特有的纯朴，将"天真"视为昆虫学工作者的"品质"。如果此时法布尔得知，这样一本为孩子们选译的《昆虫记》即将在中国问世，他一定会借六一儿童节到来之机，表达他一百年前就想向中国小朋友表达的深切思念和美好祝愿！至于我本人，研读、翻译法布尔作品二十春秋，这是经过数年思考和准备之后，第一次决心为包括儿童和青少年在内的中国少年读者选译一本《昆虫记》。法布尔撰写《昆虫记》，"内容主干"是反映自己的科学成果和研究历程，学术性相当强。换句话说，它的确不是什么"儿童读物"或"幼儿读物"。可另一方面，这部巨著生着浸透人性的条条"精神支干"，长着富于艺术

性的簇簇"言语枝叶"，具有独特的气质与魅力，可以优化美化孩子们的精神世界。如何做到使译作既忠实于原著的特质和整体风貌，又适合于中国少年读者的普遍情趣、知识结构和接受能力，的确是件需要费尽琢磨的事。如今，为中国小读者精心选译一本法布尔佳作的愿望总算实现了。愿把这本书当作节日礼物，献给渴望精神食粮的最年轻一代中国人。

　　《昆虫记》十大卷，原著书名为《昆虫学忆札》，也不妨译作《昆虫学记》；它还有一个副标题，即"有关昆虫本能及习俗的研究"。这部出自昆虫学家之手，汇集自然科学成就的巨著，独树一帜地采用了与众不同的写法。关于这种写法，法布尔自己其实说过：撰写《昆虫记》是在"写作散文"。法布尔将科学素材写成散文，其方法简而言之就是"散文化"。他这种散文化的基本要领，择其要大致有如下几条：其一，讲究语言风格，笔调流畅、轻松、幽默、亲切；其二，调动多种创作手法，记、述、描兼备，析、议、抒并举，正、倒、插叙皆宜；其三，"我"随时进入文内书中，引来人言人行、人心人情，自然科学平添人文气象；其四，最大限度地运用模糊虫、人界限的技巧，书写虫界精于"拟人"，关照人间长于"比虫"，既以人性观虫，又以虫性鉴人。昆虫学被写成高超的散文，科学价值没有丧失，因为其学科精髓依旧，只是冲淡些浓度而"散"于"文"中了。大量科研工作被如此撰写成文，公诸于世，昆虫学反而得到前所未有的普及，无数普通人对昆虫学产生兴趣，有所认识，抱以尊重。

　　扼要介绍法布尔将科学研究及成果写成散文的方法，不仅仅是在做几点总结，更重要的是想鼓励小读者们借此萌发志趣，树立志向。也许将来某一天，你们当中会出现法布尔式的科学家作家，甚至能令人惊叹地写出了散文巨著《植物记》。不过，只掌握法布尔的写作方法还远远不够。必须懂得，《昆虫记》之所以成为传世佳作，是因为它被写出了境界，一种相当高的境界。作者使一部反映自然科学的著作得到了升华，而且是不只一个层面的升华。法布尔笔下，昆虫学升华到知识百科境界，学术报告升华到言语艺术境界，研究资料升华到审美情趣境界，虫性探究升华到人性反省境界。一言以蔽之，科学升华到了文学境界。这是一种虫、人互映，人性、虫性交融的文学境界。这种境界，就是我们所说的"《昆虫记》境界"。正因为如此，世界上一代又一代读者，从法布尔的书中获取知识、趣味、美感、哲理和思想。

包括少年朋友在内的广大读者领略《昆虫记》境界，心性得到某种陶冶，心灵得到某种净化。领略人写的书，也应该领悟写书的人。即使未曾研究作者的有关生平资料，精读细品《昆虫记》也可以悟出，写书的是一位执著追求的人。家境贫寒，他要坚持读完初中；早年分享不到良好学校教育，他立志当一名能给人知识的老师；成为一家之父，他希望自己的加倍辛勤能够让全家温饱；

自感学历不深，他决心靠长期自学拿到博士学位；城市没有研究
条件，他盼望在乡村拥有一处昆虫学实验基地。诸如此类经过艰
苦奋斗可以实现的阶段性理想，锻造着他的意志品质。此外，他
主张人要正直、真诚，社会要公正、公平，人类要友爱、和平。
这类寄托了善良信仰的理想，涵养着他的道德情操。与意志品质和道德情操相
通，他将自身价值的重心落实在"真正"二字上：做真正的人，干真正的事。这
一价值观具体转化为他的理想，那就是：做真正的科学家，以探求真相真理为
天职的科学家；从事真正的科学，以人类命运为意志的科学。这是《昆虫记》作
者为之奋斗不息、实践终生的至高理想，也是召唤得出更多具备人文精神的自
然科学家的"法布尔理想"。

　　亲爱的小读者们，眼下我们已不缺各式各样的《昆虫记》译本，也不缺或
详或略的法布尔故事，但仍感特别需要的正是《昆虫记》境界和法布尔理想，以
及它们所昭示的信念——事做出境界，人追求理想。当然，有理想才有境界，有
崇高理想的人才做得成有高尚境界的事。这一点，千真万确，值得牢记。

　　　　　　　　　　　　　　　　　王　光
　　　　　　　　　　　　　　　　　2006 年 5 月 31 日